传承华夏文明 引领绿色发展
—— 第十一届中国（郑州）国际园林博览会解说词

第十一届中国（郑州）国际园林博览会解说词编写组 编

中原出版传媒集团
大地传媒

大象出版社
·郑州·

图书在版编目(CIP)数据

传承华夏文明 引领绿色发展：第十一届中国（郑州）国际园林博览会解说词／第十一届中国（郑州）国际园林博览会解说词编写组编.—郑州：大象出版社，2017.9
ISBN 978-7-5347-9511-4

Ⅰ.①传… Ⅱ.①第… Ⅲ.①园艺—博览会—解说词—郑州—2017 Ⅳ.①S68-282.611

中国版本图书馆 CIP 数据核字（2017）第 220202 号

CHUANCHENG HUAXIA WENMING YINLING LÜSE FAZHAN
传承华夏文明　引领绿色发展
——第十一届中国（郑州）国际园林博览会解说词
第十一届中国（郑州）国际园林博览会解说词编写组　编

出 版 人	王刘纯
责任编辑	石更新　李建平
责任校对	张迎娟　安德华　毛　路
装帧设计	刘　民

出版发行	大象出版社（郑州市开元路 16 号　邮政编码 450044）
	发行科 0371-63863551　总编室 0371-65597936
网　　址	www.daxiang.cn
印　　刷	郑州新海岸电脑彩色制印有限公司
经　　销	各地新华书店经销
开　　本	787mm×1092mm　1/16
印　　张	15.5
字　　数	204 千字
版　　次	2017 年 9 月第 1 版　2017 年 9 月第 1 次印刷
定　　价	39.00 元

若发现印、装质量问题，影响阅读，请与承印厂联系调换。
印厂地址　郑州市文化路 56 号金国商厦七楼
邮政编码　450002　　　　电话　0371-67358093

第十一届中国（郑州）国际园林博览会
解说词编写组

主　编

史灵歌

副主编

孙子文

成　员

王淑华　薛建红　王庆伟　李瑞玲

孙子惠　董引引　高梦远　陈　林

杨雨薇　王月星　刘　彤

ZHENGZHOU
2017

谨以此书

献给为郑州园博园建设做出贡献的劳动者

郑州航空港经济综合实验区园博园建设指挥部

轩辕阁

同心湖

华夏馆

儿童馆

华盛轩

豫园

北京园

上海园

南京园

合肥园

长沙园

晋中园

湘潭园

扬州园

大连园

荆门园

开封园

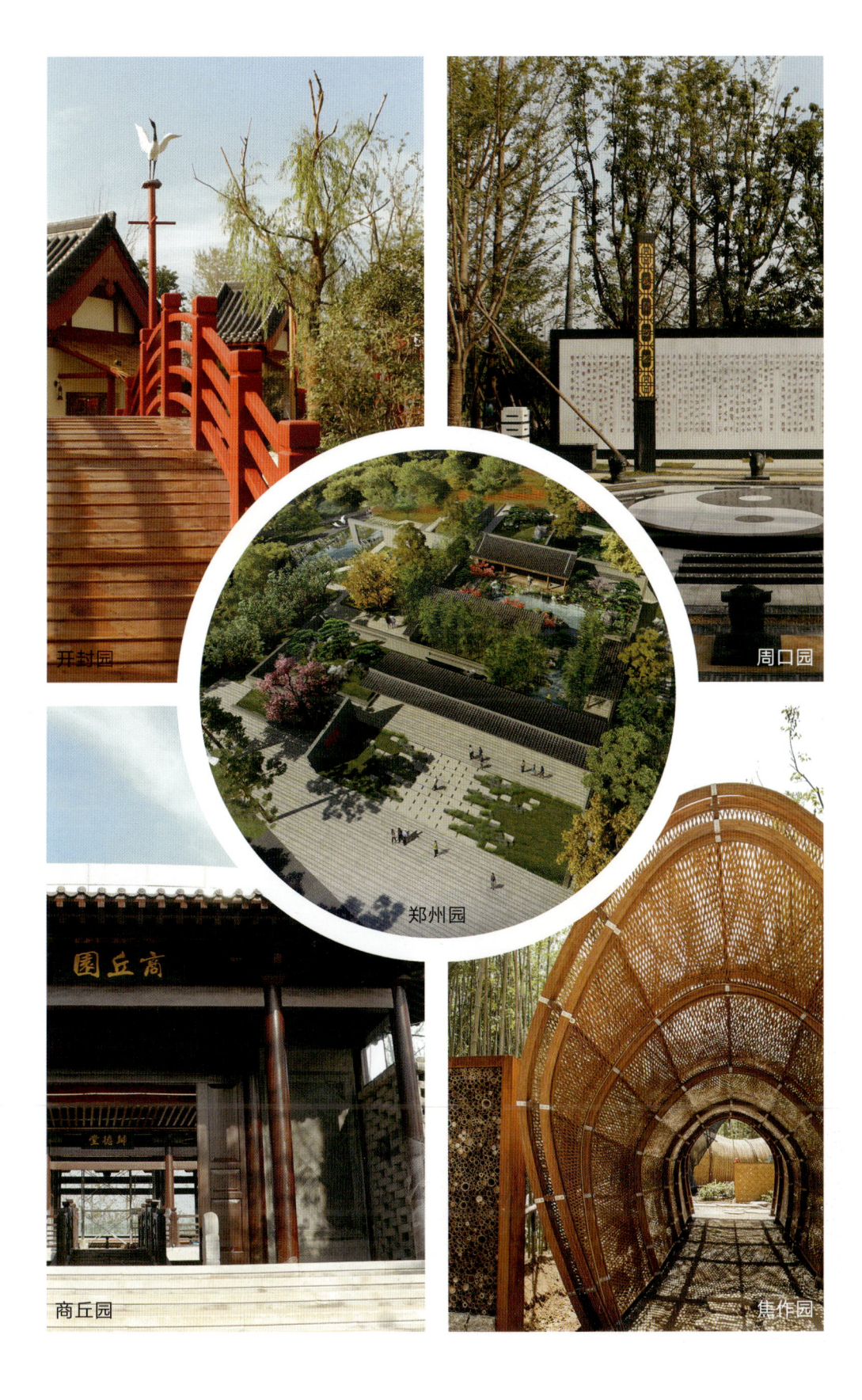

周口园

郑州园

商丘园

焦作园

建筑（局部）

花草

水

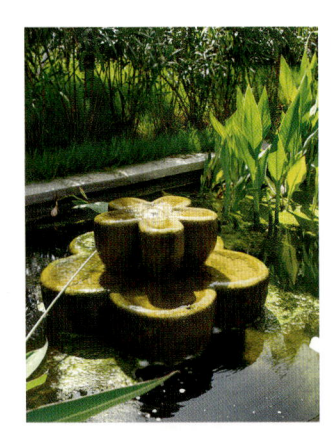

前　言

中国国际园林博览会（简称园博会）创办于1997年，是我国规模最大、规格最高、内容最丰富的风景园林与花卉盆景行业盛会。园博会创办至今，已经先后在大连、南京、上海、广州、深圳、厦门、济南、重庆、北京、武汉等城市成功举办过十届。第十一届中国（郑州）国际园林博览会（本文以下简称郑州园博会）将在郑州航空港经济综合实验区举行。郑州园博会以"传承华夏文明　引领绿色发展"为主题，深度挖掘中原地区的黄帝文化、寻根文化等优秀传统文化，旨在打造一届弘扬中华优秀文化、传承华夏文明特色的园博会。

为了更好地向公众介绍国内外参展城市的历史文化、城市特色、园艺艺术、人文自然美景及其特色，弘扬我国博大精深的园林艺术文化，学习和借鉴国外先进的园林艺术理念，郑州航空港经济综合实验区园博园建设指挥部特别委托郑州大学旅游管理学院组织编写郑州园博会解说词，并希望以此更好地宣传郑州园博会，吸引更多的公众走进郑州园博园，感受和体验郑州园博会的魅力，展示河南作为华夏文明主要发源地的良好形象，凸显郑州园博会"文化园博、百姓园博、海绵园博、智慧园博"的特色。

郑州大学旅游管理学院选派专业骨干教师和研究生组成了编写组。编写组成立后，首先由相关专业的教授对编写组成员进行了专业知识培训，并对写作内容、写作格式和写作质量提出了要求和规范；之后根据国内外参展城市情况，编写组负责人对参编的教师和研究生进行了具体的任务分工，并要求大家以饱满的热情、认真负责的态度、一丝不苟的精神，投入到这项重要工作中去。参编师生查阅了大量相关资料，尽量了解自己所要编写城市的经济、社会、文化发展情况及园林方面的发展史，初步做到了心中有数。

在编写过程中，我们也遇到了许多困难和意想不到的问题。为此，编写组成员利用课余时间和暑期，顶风雨冒酷暑，多次到园区实地调研，与各城市展园的设计单位联系，了解其规划变动情况；到工地与施工方负责人沟通，了解施工进度和规划的落实情况，以掌握该园区的设计理念和表现手法。写出初稿后，郑州园博园建设指挥部会同各相关部门及有关园林、建筑设计等方面的专家，对初稿提出了修改意见。编写组根据修改意见和建议，对初稿内容进行了修改、补充和完善。之后，编写组又邀请郑州大学历史学院的专家对二稿进行了审阅。为了更好地呼应郑州园博会的主题，体现本届园博会的办园特色，编写组在此后的修改过程中又几易其稿，不但从旅游、园林的角度进行文字润色，而且更注重解说词在地方文化史、园林史等方面内容的补充，力争使终稿既有知识性、专业性和客观性，又有一定的艺术性和可读性，做到雅俗共赏。

编写组的整个工作得到了郑州园博园建设指挥部领导的大力支持和具体指导，建设指挥部的有关部门，尤其是接待处、综合组、工程组等部门的同志，在交通、食宿等方面给编写组成员提供了多方面的便利和帮助，在此表示真诚的感谢！同时，也要感谢深圳市北林苑景观及建筑规划设计院有限公司、上海市市政工程建设发展有限公司，以及各园区施工方的大力配合，感谢摄影记者们的辛苦付出！正是有了这些部门和工作人员的大力协助，我们才能够顺利完成本书的写作，真心地谢谢他们！

由于我们水平有限，再加上时间紧迫，想要在短期内把不同国家、不同地区、不同风格的九十多个城市展园和公共展区在这本书里完美地解说出来，我们也深感自己知识和能力的不足。但是，我们尽量把各个园区的精彩部分呈现给大家，和大家共同分享郑州园博园的美好。本书难免有错误和不足之处，希望各位专家学者、广大读者多提宝贵意见！

编写组

2017 年 8 月

目 录

1 第十一届中国（郑州）国际园林博览会概况

汇天下名城胜景　聚中原生态家园

　　——郑州园博会解说词　005

2 主体建筑导览

铭记始祖　寻根文明

　　——轩辕阁解说词　013

华夏园林　千园之源

　　——华夏馆解说词　015

东汉三阙　喜迎宾朋

　　——南入口大门解说词　018

广宇名堂　临水观景

　　——华盛轩解说词　019

庄重华美　山水豫园

　　——豫园建筑群解说词　019

生态体验　欢乐童年

　　——儿童馆解说词　021

3 国内展园导览

A 区展园

沙漠绿洲　歌舞之园

　　——乌鲁木齐园解说词　029

江城水缘　乐水栖居

　　——武汉园解说词　031

津韵萃园　北国江南

　　——天津园解说词　033

海派艺林　匠心慧园

　　——上海园解说词　035

创意鹏城　版画人家

　　——深圳园解说词　037

钟麓浅妆　静雅人家

　　——南京园解说词　039

泉水风貌　老城生活

　　——济南园解说词　041

时空隧道　浪漫之旅

　　——大连园解说词　043

椰城海风　文化之都

　　——海口园解说词　044

南国水乡　碧波多姿

　　——广州园解说词　046

印象巴渝　半城人家

　　——重庆园解说词　048

丝路繁华　长安迎宾

　　——西安园解说词　050

白鹭红砖　古今相传

　　——厦门园解说词　051

"红色丝路"　引领发展

　　——遵义园解说词　053

B 区展园

仁智山水　京豫渊源

　　——北京园解说词　055

嘹歌迎宾　壮乡风情

　　——南宁园解说词　058

城市山林　湖石别院

　　——苏州园解说词　060

淮左名都　竹西佳处

　　——扬州园解说词　063

草原盛会　琴声飞扬

　　——呼和浩特园解说词　065

伟人故里　瓦屋溢香

　　——广安园解说词　067

湘商之都　序列城"总"

　　——湘潭园解说词　068

夹山境地　茶禅一味

　　——常德园解说词　071

浏河小调　曲园湘情

　　——长沙园解说词　073

晋商故里　家国晋中

　　——晋中园解说词　075

目录

千年文脉　心画相映
　　——荆门园解说词　077

C 区展园

渤海名城　魅力鸢都
　　——潍坊园解说词　079

山海之间　渔耕桃源
　　——威海园解说词　080

黄河湿地　壮美东营
　　——东营园解说词　082

徽派清雅　陋室风骨
　　——马鞍山园解说词　084

D 区展园

千年古城　山水盛京
　　——沈阳园解说词　086

蜀山淝水　和合之地
　　——合肥园解说词　088

冰雪之都　寻根之路
　　——哈尔滨园解说词　090

流金岁月　化影成蝶
　　——长春园解说词　091

E 区展园

孔子故里　儒学圣地
　　——曲阜园解说词　093

瓯水尚园　榕亭印象
　　——温州园解说词　095

三坊七巷　福舟远航
　　——福州园解说词　096

洪州瓷韵　绿丝花廊
　　——南昌园解说词　098

晋祠风韵　锦绣龙城
　　——太原园解说词　099

F 区展园

在海一方　金螺吟唱
　　——连云港园解说词　102

两江山水　诗酒之城
　　——泸州园解说词　103

十里红妆　甬上情缘
　　——宁波园解说词　105

碧海蓝天　岬湾风情
　　——青岛园解说词　106

百岛之市　海上明珠

　　——珠海园解说词　108

返璞归真　太行果韵

　　——石家庄园解说词　109

水润三亚　生态家园

　　——三亚园解说词　111

H 区展园

黄河之都　如兰之州

　　——兰州园解说词　113

高原风情　幸福拉萨

　　——拉萨园解说词　115

雪域古城　西陲安宁

　　——西宁园解说词　116

西夏古都　塞上风情

　　——银川园解说词　118

I 区展园

珠源毓秀　多彩曲靖

　　——曲靖园解说词　120

水润天府　生态锦城

　　——成都园解说词　122

南明金筑　竹园庭深

　　——贵阳园解说词　124

锦绣春城　红土恩情

　　——昆明园解说词　125

G 区展园

东方之珠　活力香港

　　——香港园解说词　127

中葡交融　濠江情浓

　　——澳门园解说词　128

情牵两岸　筑梦台湾

　　——台湾园解说词　129

河南省展园

华夏同根　郑风家和

　　——郑州园解说词　131

虹桥汴影　宋韵再现

　　——开封园解说词　133

牡丹花城　千年湖园

　　——洛阳园解说词　135

山环水绕　多姿鹰城

　　——平顶山园解说词　137

殷商旧都　易园春秋
　　——安阳园解说词　138

海绵园区　生态鹤壁
　　——鹤壁园解说词　140

豫北明珠　太行新城
　　——新乡园解说词　141

竹林七贤　清幽山阳
　　——焦作园解说词　142

华夏龙都　澶州古城
　　——濮阳园解说词　144

曹魏故都　宜居花城
　　——许昌园解说词　146

沙澧河畔　字圣故里
　　——漯河园解说词　148

黄河明珠　天鹅之城
　　——三门峡园解说词　149

汉墙宫苑　宛城花语
　　——南阳园解说词　151

天圆地方　万源归德
　　——商丘园解说词　153

楚风豫韵　山水茶都
　　——信阳园解说词　155

荷槐妙诉　羲皇故都
　　——周口园解说词　156

皇家驿站　"驿"如既往
　　——驻马店园解说词　158

愚公故里　济水之源
　　——济源园解说词　160

4 国际展园导览

"撒尿"顽童　园中精灵
　　——比利时西弗兰德省园解说词　167

智能医院　引领潮流
　　——匈牙利佐洛州园解说词　168

温泉之都　多彩之城
　　——捷克玛丽亚温泉园解说词　169

彩虹之国　海角印象
　　——南非开普敦园解说词　171

民居庭院　朴实自然
　　——韩国仁川园解说词　172

紫薇海滩　雕塑花园
——美国默特尔比奇园解说词　173

城墙蜿蜒　流灯溢彩
——韩国晋州园解说词　174

自然清丽　野趣横生
——白俄罗斯莫吉廖夫园解说词　176

奇特之地　想象之园
——罗马尼亚克卢日－纳波卡园解说词　177

呼啸山庄　高山花园
——奥地利因斯布鲁克园解说词　178

返璞归真　温馨自然
——加拿大本拿比园解说词　179

浪漫花园　唯美爱情
——奥地利巴德伊舍园解说词　180

登高望远　静悟人生
——斯洛文尼亚马里博尔园解说词　182

蝴蝶花园　生态简约
——意大利都灵园解说词　183

生态宜居　森林家园
——澳大利亚卡拉曼达园解说词　184

毛利文化　源远流长
——新西兰惠灵顿园解说词　185

古老花园　穿越时空
——德国汉诺威园解说词　187

生态多样　文化交融
——加拿大列治文园解说词　188

5 国际设计师园导览

韧性设计　绿色发展
——国际设计师园（美国）解说词　195

时间花园　找寻记忆
——国际设计师园（法国）解说词　197

6 公共主题展园导览

琼花玉叶　百姓花园
——五大主题花园解说词　203

7 公共特色景观导览

永世同心　圆梦中华
　　——同心湖解说词　209

九州同梦　华夏一体
　　——九州桥解说词　210

桥梁景观　生态廊道
　　——生态廊桥解说词　211

丹崖绝壁　峡谷画廊
　　——峡谷景观解说词　211

百姓之源　华人祖根
　　——百家姓雕塑解说词　212

弘扬核心价值　构筑道德防线
　　——弘德园解说词　212

安如泰山　民族象征
　　——镇山石解说词　213

仿宋古建　百姓书院
　　——百姓书院解说词　214

岁岁年年　四季花开
　　——月季花圃解说词　215

8 服务功能区导览

至真至诚　服务为本
　　——游客中心解说词　221

体憩空间　幸福驿站
　　——园博驿站解说词　222

故乡故土　民居院落
　　——民俗文化园解说词　223

东西合璧　洋为中用
　　——新港花街解说词　223

天街御路　老家院子
　　——高台古院解说词　224

花样乐园　童真世界
　　——儿童游乐场解说词　225

9 出入口区导览

端庄大气　中原风范
　　——南入口区解说词　231

礼乐之邦　豫州风尚
　　——东入口区解说词　232

峡谷水景　生态画卷
　　——西入口区解说词　233

多彩天地　花乐世界
　　——北入口区解说词　234

1

第十一届中国（郑州）国际园林博览会概况

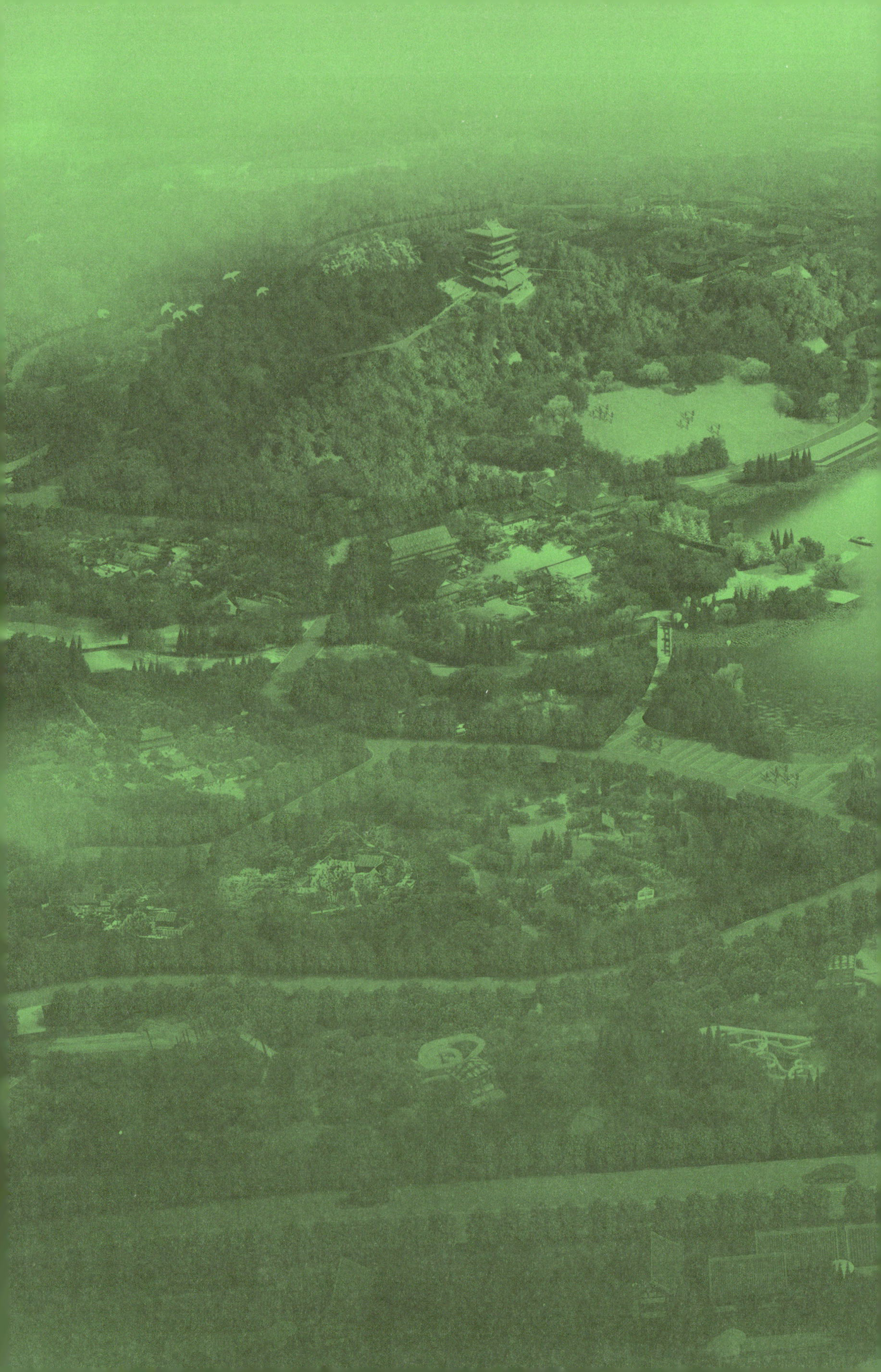

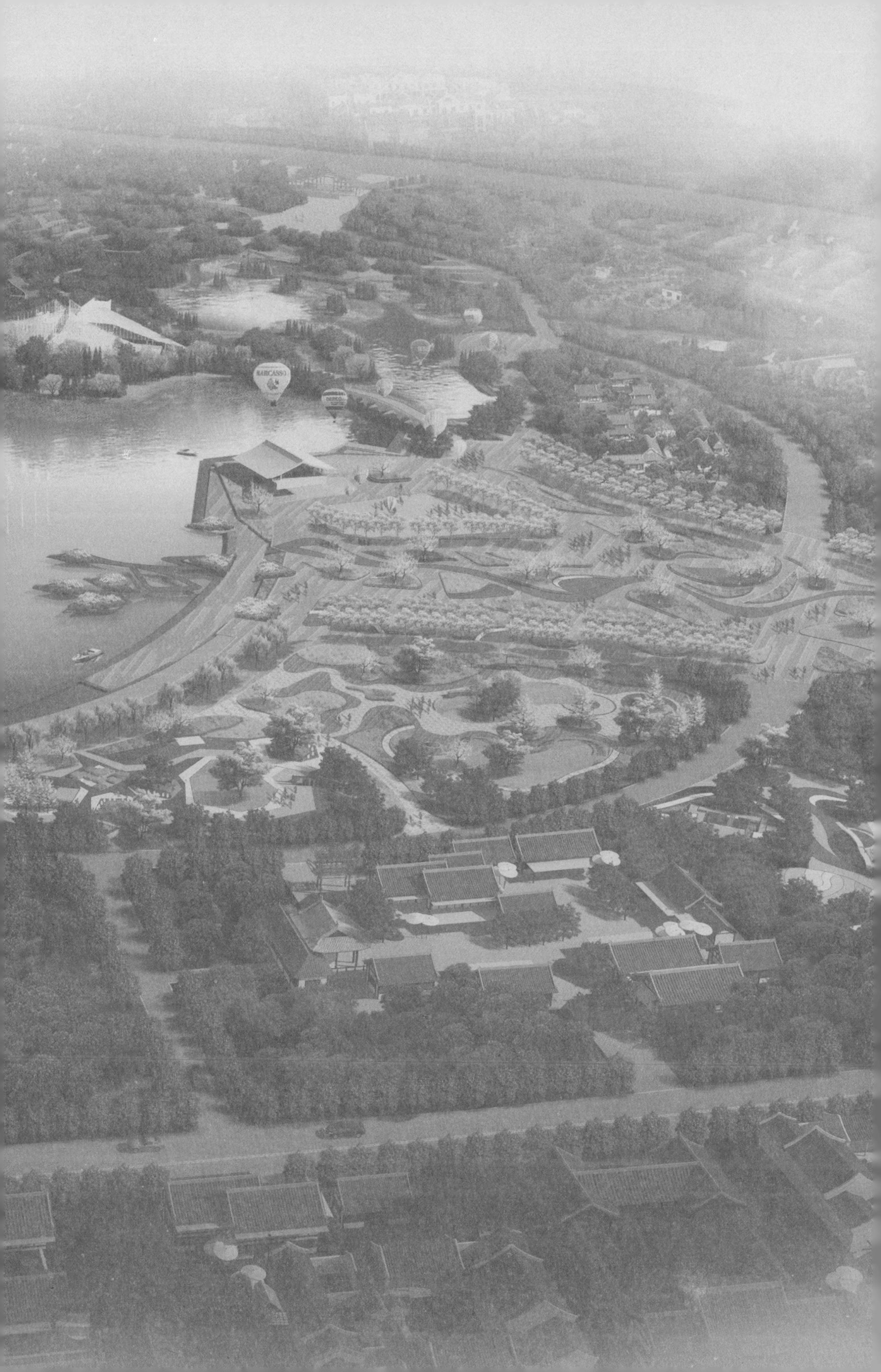
MARCASSO

传承华夏文明 引领绿色发展
——第十一届中国（郑州）国际园林博览会解说词

汇天下名城胜景　聚中原生态家园

——郑州园博会解说词

中国国际园林博览会创办于1997年，是我国园林行业层次最高、规模最大的国际性盛会。园博会自创办至今已举办过十届，分别在大连、南京、上海、广州、深圳、厦门、济南、重庆、北京、武汉成功举办。第十一届中国（郑州）国际园林博览会（以下简称"郑州园博会"）由住房和城乡建设部、河南省人民政府共同主办，由中国风景园林学会、中国公园协会、河南省住房和城乡建设厅、郑州市人民政府共同承办，2017年9月29日在郑州航空港经济综合实验区开幕。

郑州园博会以"传承华夏文明　引领绿色发展"为主题，突出"文化园博、百姓园博、海绵园博、智慧园博"特色；围绕"中华一脉、九州同梦、丝路花海"，突出黄帝文化、寻根文化，充分展示中原大地作为中华文明重要发源地的特点。在筹办郑州园博会、建好园博园的同时，郑州航空港经济综合实验区同时规划建设了两个城市公园，即双鹤湖中央公园和苑陵故城遗址公园。

郑州园博园占地面积119公顷，以我国古典传统园林典范艮岳的山水格局为蓝本，在充分尊重原有地形地貌、水系走向的基础上，以传统山水

传承华夏文明　引领绿色发展
——第十一届中国（郑州）国际园林博览会解说词

园林堆山理水的造园手法，南部挖湖，北部堆山，引水入园，构建了"一湖一山"，形成了丰富的景观空间，并在此基础上形成了统领全园的主景轴线，沿主景轴线布置了主入口大门、华夏馆、轩辕阁、华盛轩等主体建筑，展示了具有浓郁中原传统文化特色的园林山水景观。

郑州园博园室外展园94个，其中国内城市展园74个（含港澳台3个），国际城市展园18个，国际设计师园2个。展园采用组团式布置，形成"9+1+1+5"的展区组合，即9个国内城市组团展区、1个国际展区、1个河南展园区和5大主题花园。

国内9个城市组团展区从园林艺术、园艺科技、造园手法等方面，重点展示了中国风景园林的地域性特色。国际展区以传承世界园艺、共享华夏文明为特色，规划有18个国际城市展园，重点展示世界各地特色风景园林艺术精品。在南水北调生态公园处，专设河南城市展区，共18个展园，涵盖河南全部18个城市展园，综合展示河南悠久深厚的园林文化和地方园艺技术。同时，还规划了2个国际设计师园，展示有创意的景观作品。

主题公共展区设置了与百姓生活密切相关的感官花园、园艺花园、阳台花园、儿童花园、植物文化园五大主题展园，充分体现出政府引导、百姓参与、互动体验、示范引领等"百姓花园"的特征。

园博园入口区有四个，包括南主入口区及东、西、北三个次入口区。南主入口区以"汉三阙"为设计理念的大门，采用两侧对称式布局，巧妙地通过连廊将其与南游客中心相连，形成端庄大气的主入口形象；东入口区以中国传统礼乐为主题，重点突出中原文化中的礼、乐等元素，营造祥和的景观氛围；北入口区以新港花街、月季花园、儿童花园等为主题，形成花与乐的世界；西入口区以海绵城市为主题，展示最新的生态海绵花园景观。

园区植物设计主题为"诗意的乡愁"，以诗意的黄河流域植物风貌和中原的乡土植物景观，展现华夏植物的历史与文化魅力，呼唤现代人类向自然、和谐的回归。园区重点运用诗经植物、乡土植物和郑州地区特色、珍稀植物。在特色分区上，结合园博园公共绿地有限、以承载展园为主的特点，采用"建山、露水、梳林、围园"的分区手法保证园区景观骨架与空间格局。

郑州园博会有以下四个特色：

第一，文化园博。

河南地处中原，古称中州，是华夏文明的主要发源地之一，五千年文明史光耀古今，享誉中外。本届园博会深度挖掘中原地区的黄帝文化、寻根文化等优秀传统文化，旨在打造一届弘扬中华优秀文化、传承华夏文明特色的园博会。因此，在园博园主要建筑场馆、公共景观命名时充分体现了传统文化特色。

园博园将园内制高点楼阁建筑命名为轩辕阁，是为纪念人文始祖黄帝出生、创业、建都于郑州新郑；将主展馆命名为华夏馆，寓意我们是华夏子孙；将园内九座车行、人行桥以《尚书·禹贡》中的九州来命名，分别为冀州桥、兖州桥、青州桥、徐州桥、扬州桥、荆州桥、豫州桥、梁州桥、雍州桥，且桥梁位置根据"禹贡九州"古地图的大致方位对应布置；将园区主湖命名为"同心湖"，体现了园博园"中华一脉、九州同梦"的设计主题，昭示着华夏一体、同根共祖、定鼎九州、永世同心、圆梦中华的美好寓意。

第二，百姓园博。

本届园博会既有高贵典雅的"阳春白雪"式园林建筑，又有适合百姓参与互动的"下里巴人"式体验项目，如：民俗文化园集合河南各地风味特色小吃、民俗工艺等，儿童馆、儿童花园集合儿童趣味性、体验式、启智类项目，更加适合百姓参与。

在便民方面，园博园将打造便捷快速的交通连接系统、人性化的服务设施体系和多元互动的智慧园博，便于百姓游园和互动参与。另外，园区设计时也充分考虑到了老人、儿童、残障人士、母婴等对配套服务设施的需要。

第三，海绵园博。

贯彻落实海绵城市建设理念，郑州园博园通过科学的水量计算，划分了24个汇水分区，结合公共园区、场地铺装、道路对全园海绵设施潜力进行分析，通过景观营造覆盖全园的LID设施，构建雨水自然积存、自然渗透、自然净化、自然排放的"园博海绵体"。

第四，智慧园博。

园博园突出"智慧园博"理念，并从智慧化服务和智能化管理方面进行建设，通过网站、手机APP、微信公众号的方式为公众提供智能化的服务，如介绍各城市展园、各类植物情况，依据游客个人需求提前规划定制游览路线等。园区对园区导航、网络预订、排号、餐饮娱乐消费、公私停车等各种活动进行实时监控，实行容量调节等，全方位实现园区内部的智能化管理。同时，通过新型集成技术运用，在各主要场馆实现太阳能及生物能源的高效利用。

本届园博会的吉祥物为"园宝"，它既是"园博会宝贝"的简称，又是"园林艺术瑰宝"的简称，同时与"元宝"谐音，象征本届园博会具有丰富的文化艺术内涵和宝贵的精神财富。它以汉字"家"布局整体结构，玄鸟为点，中国传统建筑屋顶形帽为宝盖，下面家园里的儿童憨态可掬，张开双臂喜迎四方宾客，展现出郑州人民身上那种真挚好客的品质，表达了人与自然和谐相处、绿色共享的美好愿景，诠释了园林与美好家园的关系，体现了本届园博会的办会理念和"百姓园博"的特色。

建设一个园博，绿化一片土地，编织一个梦想。郑州园博会将在园区设计、功能规划、主题景区等多方面更加贴近百姓生活，体现地域文化，注重后续利用发展，展后成为综合性城市公园，使市民和游客可以享受到公益性"城市客厅"带来的美好绿色生活。

2

主体建筑导览

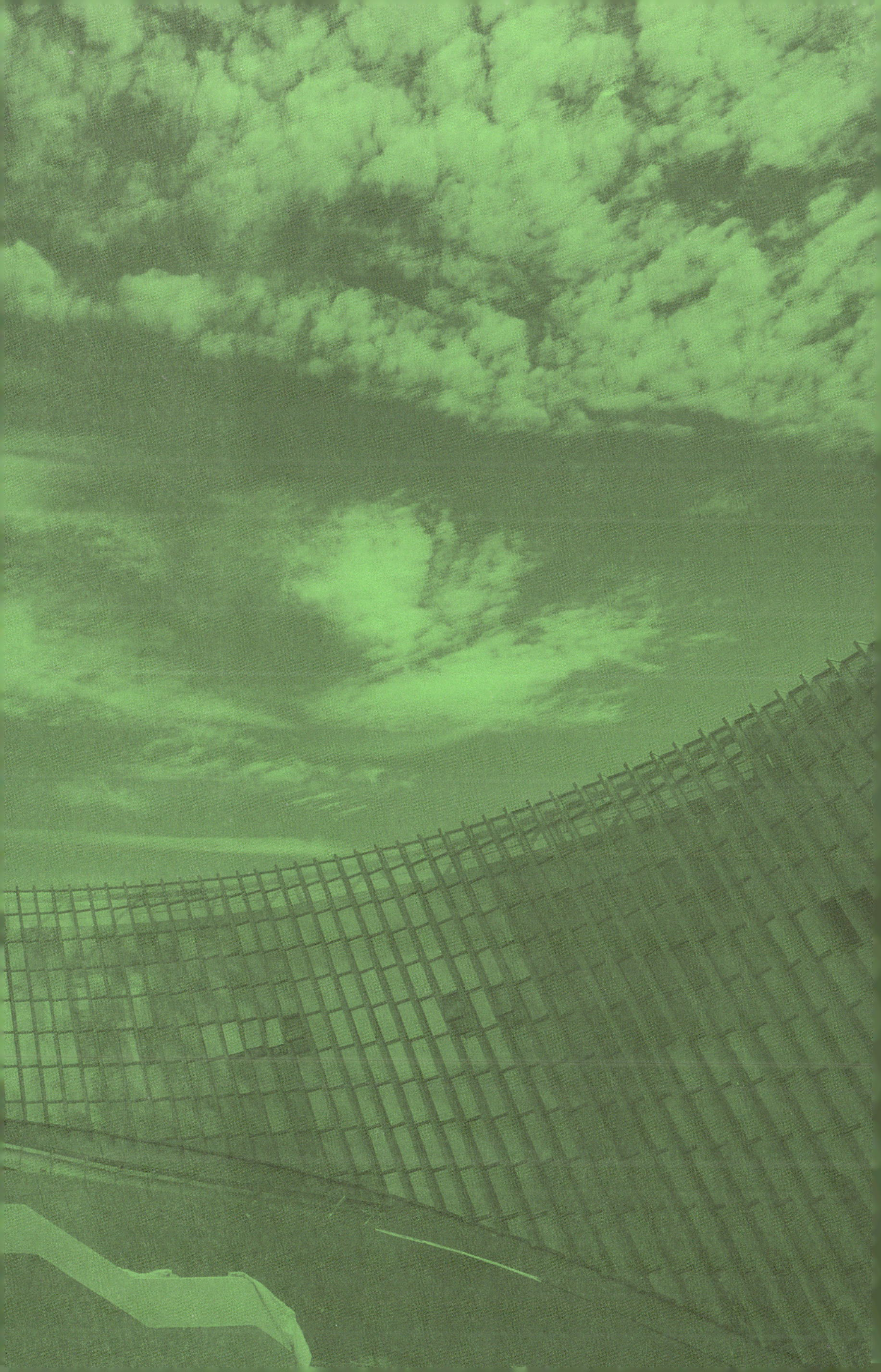

传承华夏文明　引领绿色发展
——第十一届中国（郑州）国际园林博览会解说词

铭记始祖　寻根文明
——轩辕阁解说词

  轩辕阁是以中华民族"人文初祖"轩辕黄帝命名的建筑,也是整个园区的最高建筑、标志性建筑。它矗立于主山之上,处于文化园博的主轴线上,建筑面积约为 2100 平方米,高 31.3 米,突出人文始祖、黄帝文化主题,以成熟的宋式风格建筑为特色,与主山的寻根文化相结合,表达华夏"同宗同源""一脉同心"的文化精神。

  轩辕黄帝生于公元前 28 世纪,河南郑州新郑人,是中国远古时代华夏民族的共主,五帝之首,被尊为中华"人文初祖"。轩辕黄帝诞辰是农历三月初三,自春秋战国时期,民间就有了"三月三,拜轩辕"的活动。每年的这一天,世界各地的炎黄子孙就聚集在新郑举行隆重的拜祖仪式。2008 年国务院确定新郑黄帝拜祖祭典为第一批国家级非物质文化遗产扩展项目。

  轩辕阁为仿宋式建筑,中原文化特征明显,是展示中州地域文化的重点建筑,游览观赏性极佳。主体建筑位于 6.3 米高的大台之上,明三暗四,地下一层,顶层可以登高望远。轩辕阁的外檐柱梭柱、翼角微翘、举架平缓、正脊弧线、斗拱硕大、上下檐口和柱头呈抛物线形等宋代建筑所具有的特点,造型大气而不失隽永秀丽，平稳又不乏雄壮有力。从南侧观瞻，建筑临山体陡崖，挺拔而不可一世，而北侧则和环境融为一体，平和怡人，在巍峨的山体和郁郁葱葱的景观树木掩映当中，建筑越发显得耀眼、独特和高耸入云，成为整个园博园标志性的建筑物。

轩辕阁共有四层展厅，一层为序厅，面积约160平方米，展陈的是"人文始祖轩辕黄帝"系列浮雕长卷。整个序厅中心以黄帝圆雕造像为主，黄帝历史文化主题浮雕为辅，斗拱造型顶面气魄宏伟，严整开朗。整体空间气魄雄浑，辉煌大气，整齐而不呆板，地面采用天然石材与顶面造型遥相呼应，给人庄重、大方的印象。

轩辕阁的二层与三层展陈的是来自巩义石窟寺的佛教石刻与造像拓片，面积约400平方米，展线长度约300米。

石窟寺位于河南省巩义市区东北的河洛镇寺湾村，建于北魏年间，距今已有1500多年的历史，现存洞窟5个，千佛龛1个，小佛龛255个，摩崖大佛3尊，佛像7743个，碑刻题记200余块，其中的《帝后礼佛图》更是我国现存的唯一石刻图雕。

为了呼应本次园林博览会"文化园博"的主题，突出体现黄帝文化、寻根文化，充分展示中原大地作为中华文明发源地的特点，在石窟寺展厅的空间设计上，采用了现代展厅空间与中原传统室内设计特点相结合的手法，凸显中原文化特色，彰显时代精神。在展线的设计上，按石窟寺的五窟位置与造像时代的顺序依次展开，各部分展柜空间布置上既独立又归于整体，具有较好的完整性。由于展陈的石窟寺拓片非常珍贵，所以展柜内导入了可调节空气温度与湿度的文物保护系统，使展品处于完备的保护环境之中。

石窟寺拓片艺术水平极高，拓片细节精细，人物形象栩栩如生，具有震撼人心的力量。因此在照明控制上，适当调整了灯光的位置和亮度，以达到良好的观展效果。展陈这些石窟寺拓片，可以帮助人们现场近距离感受精美绝伦的佛教雕刻，去汲取中华民族的传统文化与时代精神。

轩辕阁的四层展出了一篇《郑州赋》，历数了从轩辕黄帝到今天郑州五千年的历史发展脉络，涵盖了郑州丰富的人文和自然资源，描绘了郑州的壮丽河山，歌颂了郑州历代的先贤英烈，展望了郑州的美好前景……

华夏园林　千园之源
——华夏馆解说词

园林是中华文明富于创造力和活力的载体，它超越了时空、地域的限制，自成体系绵延至今，与中国人的生活交融相谐。为了全面介绍中国园林文化的博大精深，园博园的主展馆——华夏馆为您安排了丰富的内容。

华夏馆选取中国传统大屋顶建筑最典型的造型元素——宇，通过对传统中国宇的组合重构，凸显中国建筑如翚斯飞的传统文化精神。展馆建筑高11.8米，面积8815.39平方米，共两层，地上一层，地下一层，整体犹如从大地破土而出、自然生长的造型，颇具时尚感。内部运用现代材料和生态技术，构筑具有前瞻性的生态馆和百姓园博互动场所。华夏馆规模宏大、壮丽，环境优美，既表达了对宾客的良好祝愿，也反映了时代的特点。

华夏馆设置有"中国园林·河南篇"展厅、数字园林展厅、插花展厅、党的十八大成果展厅，另外还设有报告厅和休闲商务区。

"中国园林·河南篇"展厅面积为1300平方米，展线长度245米。依据展品和空间环境相和谐的原则，通过和展厅内部的版面、视频、机构等各种展陈手段相互呼应，创造出一种气氛和意境，全方位地诉说河南园林发展的历史文化背景。根据展馆建筑结构，依顺时针展线，展厅一共展示了6个板块内容，依次为序厅——萌生篇（夏商周时期）、成长篇（两汉时期）、转折篇（魏晋南北朝时期）、鼎盛篇（隋唐时期）、成熟篇（宋元明清时期）和尾厅——多媒体数字展厅。展陈沿主题展示和背景辅助延伸层次两个线索并列进行，注重历史性、艺术性、科普性、趣味性的统一。路线设计为单向有顺序性的水平交通路线，具备一定的灵活性和可选择性，避免人流交叉及重复路线，局部有地面抬升平台，丰富观展视角。

序厅是整个陈列的点睛处，写意性描述河南山水汇聚的天下之中的地理位置，并通过原始社会时间图轴的创立，借助聚落史前考古的新成果，超越疑古阶段，以全新的视野解读上古人类居址中所孕育的园林文化基因。空间设计开合大气、结构缜密。通过艺术装置烘托标题文字，顶部以木质元素构建结构，为观众营造出一个底蕴深厚的文化氛围。

在整体空间的调度上，华夏馆充分利用建筑的坡面结构，随着萌生、成长、转折、鼎盛、成熟等发展进度，配合建筑由低到高的走势，建筑空间的最高处刚好吻合鼎盛及成熟时期的内容，使之在空间及内容展示方面同时达到最高境界。

华夏馆装饰造型简洁，突出文物展品的内容，凸显建筑特点，通过关键节点的精心设计来营造展馆的氛围。在材料运用上，大胆采用大理石材质地面并配合高截面的空间造型，使之在空间语言上得到升华。在空间的顶部结构区域，采用大量的投影、绘画、浮雕、高清屏幕等手法，立体展示《桃花源记》《西园雅集图》等内容，并在展线适当位置，科学设置大量的技术项，如以全息技术手法表现的二里头宫城，数位互动的甲骨文中的园林、动物和植物，虚拟展示的北宋东京城，VR虚拟现实的司马光独乐园景观复原、虚拟空间体验与动态展示的御马上池、百泉景观VR虚拟演示等一系列内容，达到展示、解析、互动为一体的全方位、多角度展示效果，让观众感受历史长河中的河南园林魅力，引导观众体验更深层次的文化认同感，同时提升整个展馆所独有的品牌文化魅力。

华夏馆的另一个亮点是数字园林展厅。数字园林展厅利用多媒体技术，营造具有极高艺术观赏性和感染力的体验式空间，充分调动参观体验者的五官，进而激发参观者对展示主题的高度情感共鸣。展厅以环抱式屏幕打造360°沉浸式空间，实现园林步移景异的奇妙意境，将光线、声音、视频、数字系列和虚拟现实等共同融入一个中国园林的梦想世界，将观众带入一个令人兴奋的动态空间，多角度、大画幅、高清晰地观赏与聆听，感受从未有过的体验。

数字圆明园是用国际领先技术打造的全球范围内第一个园林主题感应式展厅，全景呈现历史真实的"万园之园"，首次以帝王视角泛舟后湖，放眼九州，纵观天下。

在时间上，30分钟为一场，其中6分钟沉浸式感应，24分钟四大情景式互动。在空间上，展厅分为四大文化展区：海晏堂、坦坦荡荡、走进圆明园、坐石临流。

海晏堂：展厅西南角实体搭出十二兽首、喷泉水池以及部分阶梯，游客通过手机上的APP，体验和"乾隆皇帝"合影。坦坦荡荡：圆明园中的金鱼池首次实体再现。走进圆明园：以数字化形式将圆明园作为"万园之园"的园林景观、文化重现。坐石临流：以墙幕加地幕联动，将中国园林中源远流长的文化现象"曲水流觞"重现，坐石临流，穿越古今。

华夏馆在展厅重点展示区域、开阔区域、多媒体影视区域均设置休息椅及多媒体查询系统，使观众在休息的同时也能更加深入地了解展陈内容。

欢迎大家走进华夏馆，感受不一样的华夏园林！

东汉三阙　喜迎宾朋

——南入口大门解说词

南入口大门为园博园主入口，大门建筑形态采用中国古建文化中的"阙"，设计理念来源于中岳汉三阙。阙由台基、阙身、屋顶三部分组成，展现了园博盛会入口的威仪大气以及中原地区厚重的传统文化底蕴。大门总宽度约100米，"阙"大门高度18.87米，两侧对称式分布服务、咨询等配套建筑。

所谓阙，就是建筑在城门、墓门、宫门、庙门前的两个相峙对称的建筑物。古时"缺"和"阙"通用，两阙之间没有横梁，可作为道路使用。据《诗经》记载，这种建筑物早在三千多年前的周代就有了。

中岳嵩山汉三阙，又称东汉三阙，分别是太室阙、少室阙、启母阙，均由琢制整齐的青石垒砌，东西对称，是一种特殊的石雕艺术，始建于东汉安帝元初五年至延光二年（118—123），是我国现存最早和仅有的三座庙阙。汉三阙是汉代建筑的重要遗产，距今已有近1900年的历史，反映了汉代的历史文化、建筑艺术、宗教神话、社会生活等多方面的内容。汉三阙阙身四面雕有人物、动物、建筑物等200多幅画像，形态生动，线条流畅，是研究建筑史、美术史和东汉社会史的珍贵实物资料。另有隶篆铭文，是研究我国历史的宝贵资料，也是书法雕刻艺术中的珍品。2010年8月1日，包括汉三阙在内的登封"天地之中历史建筑群"被联合国教科文组织第34届世界遗产大会列为世界文化遗产。

南入口主阙中间宽30米，内部采用钢筋混凝土结构，台基上阳刻有造型生动的神龙和纹饰，金色琉璃瓦屋面，典雅精美，作为古老的国家礼制建筑，体现了传统建筑隆重的迎宾仪式感。

广宇名堂　临水观景
——华盛轩解说词

华盛轩是一处观景平台，位于同心湖南侧，临水而建，建筑形式源于中原"广宇名堂"，取"飞宇"之势、凌空之美，形成滨湖的观景平台和视觉焦点。站立观景平台上，可远观轩辕阁，近品华夏馆，欣赏整个园区的山水美景。

华盛轩高14米，占地面积523平方米，建筑面积1609平方米，地上两层，地下一层。它借用传统园林建筑的神与形，采用现代钢结构等手法来打造一个简约现代的中式观景空间。华盛轩是把古代的建筑理念运用到现代场馆、把古代的建筑风格用现代的建筑材料和技术表现出来的结晶。它强调建筑与环境的相互融合。

华盛轩南侧利用高差形成观演台阶，间种花草等植物，为游客提供停留、休憩、观演的场所。

庄重华美　山水豫园
——豫园建筑群解说词

豫园建筑群位于园博园主建筑轩辕阁东侧，为一组高低错落掩映于山形林木中的传统仿宋式建筑群，占地面积约24000平方米，建筑面积约1800平方米。整个豫园秉承了中原传统园林精髓，以河南当地山水建筑特色为元素，通过随形就势的建筑山水园林环境，营造出诗经园、李诫堂、百姓书院、石濮间等多个代表河南省地域文化的主题景点。

豫园依水而建，高低错落，单体建筑8组共11个，回廊共6段，建筑之间通过回廊有机串联。它以宋式建筑为基本格调，采用青灰瓦屋面和玲珑精巧的斗拱，再现了宋式建筑形制的韵味。实体的建筑、半开放的连廊、蜿蜒的山和水驳岸四者融为一体，打造了具有中原特色的北方园林。

连廊将各种建筑相串联，曲折幽深。连廊月梁彩画采用山水、人物、花鸟画，让整个豫园显得更加生动、活泼。行走于连廊中，步移景异，便会油然产生一种"人在廊中走，神在画中游"的感觉，具有浓郁的诗情画意，令人流连忘返。

园内的李诫堂是为纪念中国古代杰出的建筑学家李诫而建的。李诫（？—1110），字明仲，北宋时期郑州管城县（今郑州新郑）人，杰出的建筑学家。他为官期间，不仅主持了多项重大建筑工程，而且著有中国古典科技七书之一的《营造法式》，这是世界上现存最早、最完备的一部建筑工程学专著，成为当时通行全国的建筑工程法式。

循着爬山廊，跨过小石桥沿石径曲折前行，可见龙门瀑飞流直下，湖岸怪石嶙峋。堆山叠石是造园的基本手法之一，豫园采用的石材为房山石，经过匠人师傅的精挑细选及精巧构思和摆布，再现了中原及北方园林厚重、朴实、大气的风格。

作为园博园的公共景区，豫园内以展陈笔、墨、纸、砚、茶具、奇石等为主，其中，本届园博会盆景展览将办成中国专业层次较高的盆景精品展览会，以展示目前中国园林界盆景的水平和最新成果，让具有艺术性的盆景更贴近百姓生活，让盆景走入千家万户。

生态体验　欢乐童年

——儿童馆解说词

儿童馆位于园博园北门西南侧，是为儿童提供的内容丰富多彩的综合体验馆，整馆布展面积 1880 平方米。该馆外形呈环形变异形态，环形曲面将各个功能空间有机地结合在一起，优美的曲线坡道和楼梯使空间交错富于动感，构成一个莫比乌斯环的形态。儿童馆外观色彩艳丽，对儿童具有强烈的吸引力，而整体建筑又有大型运动会会馆的磅礴气势，给人以极大的震撼。

儿童馆按照"认识—探索—体验—启迪"的认知逻辑顺序，设置五大主题展厅及缤纷自然体验区，呈流线型布局，以"了解植物，亲近植物，保护植物"为主线，形成完整的展示体系，在贴近儿童活泼好动特点的同时，又加强了对事物的感官认同，从而激发起儿童的好奇心和探索精神。

第一展厅是序厅，以"绽放的生命"为主题，通过红花、绿草、多彩蝴蝶等元素构成艺术造型，直观表达展馆主题。展厅中央以郑州市市花——月季花作为创意灵感，设计了意象化大型光电艺术雕塑，其中以五片花瓣设置曲面 LED 屏，动态演绎四季花朵缤纷绽放，在高倍望远镜下观看种子花粉形态，彰显无声无息又丰富多彩的植物世界。顶部展示多种类多颜色的河南蝴蝶。一侧墙面采用立体绿化模块，栽培由郑州珍稀植物种子拼出的园博园吉祥物。

第二展厅是植物的秘密生活厅。该厅以"认识植物—植物功能—和谐共存"作为逻辑主线，设置"生命的旅程""水·生命"科普园两大展区。

"生命的旅程"环节包含"孕育——种子的奥妙""绽放——花儿的智慧""延续——植物与人类"三部分内容，引领观众走进植物生长的不

传承华夏文明　引领绿色发展
——第十一届中国（郑州）国际园林博览会解说词

同阶段，探索植物的奥秘。最后通过扫描二维码，开展"把种子带回家"的体验活动。"水·生命"科普园区设置了水培植物、多肉植物、戏水乐园三部分内容，引领小观众思考水与植物、水与生命的密切关系，培养亲水、乐水、戏水的兴趣。

第三展厅是生态环保艺术厅。该厅以"送给孩子的礼物"为主题，由"送给孩子的礼物、纸上园林、变废为宝""探索中心""神奇的通道""垃圾分类投篮""奇妙的蛋"和"平衡脚踏车"等六个部分构成，设计可任意组合的操作台，让孩子们在此开展丰富多彩的环保、园林、生态实践活动，启发孩子们的艺术创想，培养孩子们的动手能力，极具吸引力。

第四展厅是"豫豫"带您穿越厅。该厅以郑州厚重的历史文化为背景，设置山林探秘、拯救地球两个主题展区。观众在卡通形象大象"豫豫"的带领下，沿着亚热带丛林的动植物隧道缓步前行，穿越时空。

首先来到的是山林探秘区。它由图文版和动植物剪影构成的入口斜坡、植物长廊、梦幻森林、动物零距离、树屋探险、大自然的声音、活体养殖区等部分构成。观众在豫豫的带领下走进了4000年前的商城自然山林中，领略当时的自然风貌。接着走进拯救地球区。拯救地球区主要通过分析河南大象消失的原因——"大象之殇"、地球上有更多的动物因此灭绝或濒临灭绝——"生命绝响"、气候问题关乎全球命运引起全世界的关注——"生命礼赞"三个核心内容展示气候变化给动植物和地球带来的影响，引领观众思考如何面对危机及我们应怎样投身到拯救地球的行动中去。

第五展厅是多彩世界厅。该厅依托先进的数字化设备技术，以日常生活中常见的动植物为重点，为儿童打造一个兼具艺术性、趣味性，"科技与自然"一站式大型互动体验空间，以最新科技营造出欢乐童趣世界，让儿童在欢快的环境中探索身边的多彩动植物世界，唤起生物保护意识。该厅有生物万象区和绿色承诺区两个展示区，后者通过众筹绿色沙龙、生态知识瀑布、互动留言墙来实现自己的绿色承诺。

儿童馆的最后部分是缤纷自然区。它以"自然物语·新城美景"为主题，分设看园景、秀自拍、栖花田、赏花艺等四个板块。"看园景"就是观众通过望远镜凭栏远眺，一览园博园胜景。利用光学原理，观众通过"动物的眼睛""滤光镜"，可以看到不一样色彩的园博园景致。"秀自拍"在顶楼设置最佳拍照区与两种高度自拍杆，满足不同身高观众拍照需求，与园博园美景合影。"栖花田"是在楼顶设置生态休息区，将座椅设置成花瓣、水浪等不同的造型，让观众栖息于花田林间，提供一个休闲好去处。"赏花艺"通过拨动九宫格拼图拼出美丽的植物，让观众在动手动脑中了解更多植物知识。

该展厅位于楼顶，游客可以登顶俯瞰郑州园博园缤纷自然美景，将绿植、园景、互动、参与相融合，延展展馆展示空间，增加观众亲近自然的机会和兴趣，感受郑州美好的未来。

儿童馆的每一部分都充满了诱惑与刺激，是园博园展出项目最多、最具动感与现代感的展区，让人目不暇接、流连忘返！

3

国内展园导览

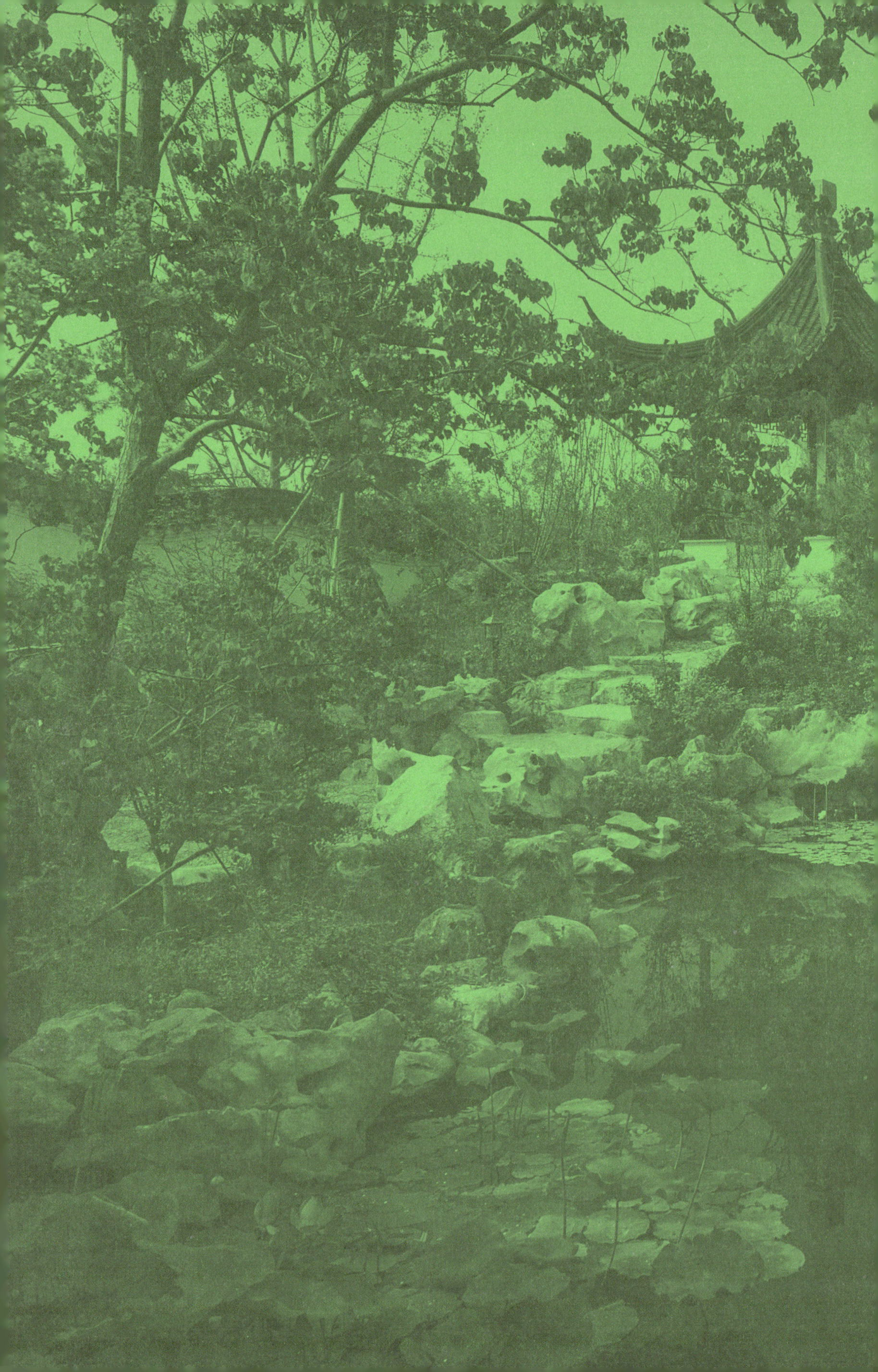

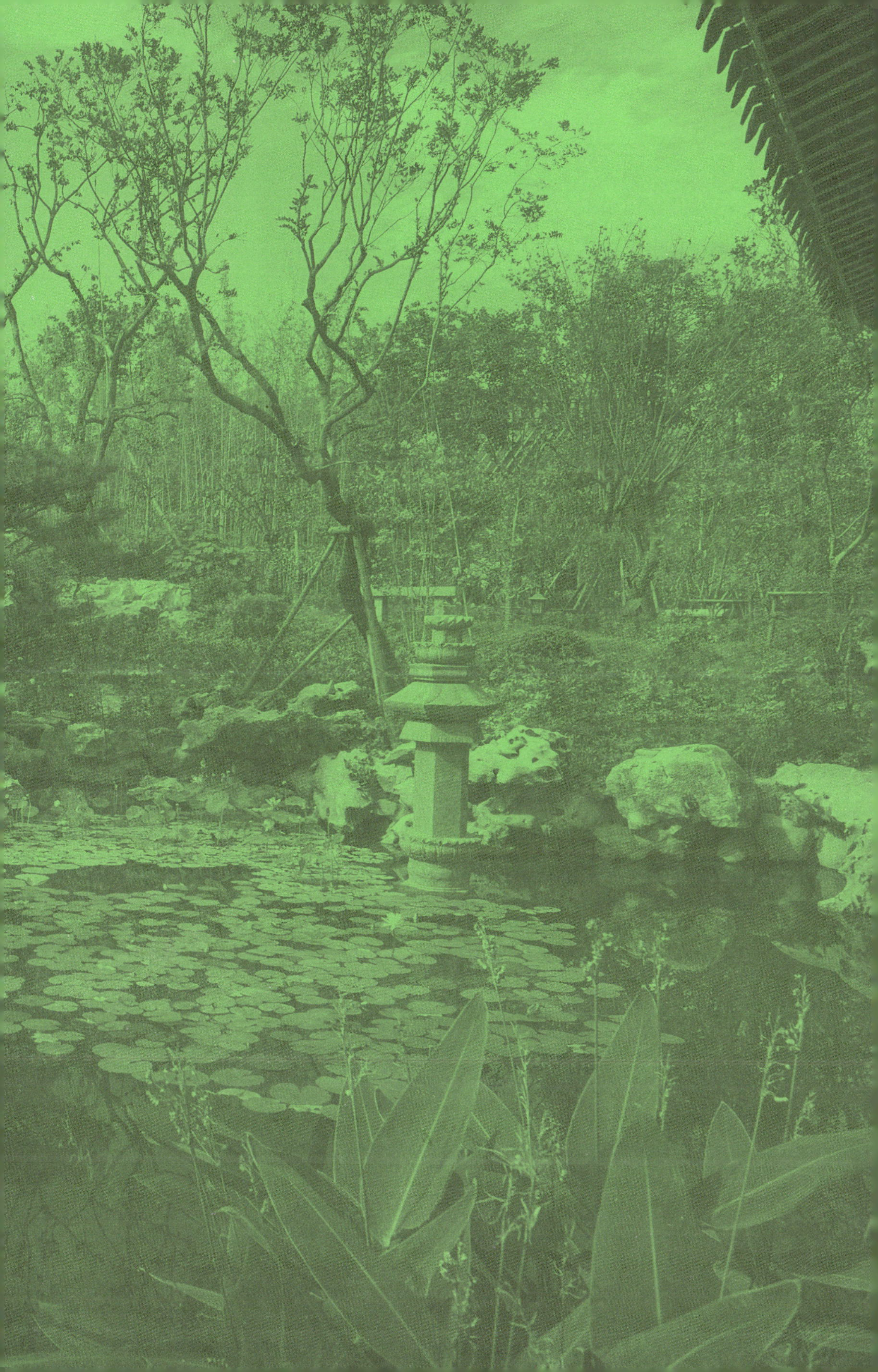

传承华夏文明　引领绿色发展
——第十一届中国（郑州）国际园林博览会解说词

A区展园

沙漠绿洲　歌舞之园
——乌鲁木齐园解说词

乌鲁木齐简称乌市，是新疆维吾尔自治区首府，我国西北地区重要的中心城市和面向中亚、西亚的国际商贸中心。

乌鲁木齐园地理位置优越，占地约3000平方米。该园以弹拨弦乐器，特别是"热瓦普"的造型为灵感，设计了琴弦园路、麦西来甫舞蹈厅、磨砖对缝特色景墙、琴弦拱券、戈壁风貌、玫瑰花田、葡萄藤架、艾德莱斯绸带等一系列能体现新疆风情的代表性景观元素。

园区西南入口处，两侧挺拔的新疆杨和苍翠的云杉错落交织，为园路带来林荫，并围合、引导视线。伴随着玫瑰和薰衣草迷人的芬芳，土黄色的磨砖对缝特色景墙首先映入眼帘。"磨砖对缝"是指经过锯、切、打磨后的黄色砖拼贴成各种图案，装饰门柱、门洞壁面和门斗的檐等部位。该景墙是我国传统建筑工艺"磨砖对缝"的地域体现，也是维吾尔族人民智慧的结晶和能工巧匠的杰作。维吾尔族工匠以高超的技艺，用砖相互穿插、交错、重叠、拼砌组合成各种平面和立体的几何图案和花饰，在光影衬托下，精致的砖花图案显得十分雅致，富于层次性。

右侧的琴弦拱券式景墙也使人驻足。它把西域乐器"热瓦普"与建筑特色拱券融合为景墙。热瓦普，又称热瓦甫、拉瓦波、喇巴卜，是维吾尔族、乌孜别克族弹弦乐器，流行于新疆维吾尔自治区。热瓦普琴身为木制，音箱为半球形，以羊皮、驴皮、马皮或蟒皮蒙面，琴颈细长，顶部弯曲。两侧景墙的尽头是"切分音节踏步"景观，游人只要在上面踏步，下面的琴键就可以发出不同的音调，演奏出独一无二的乐章。

来到庭院，视线豁然开朗，这里是沙漠植物区。它展示了戈壁沙漠的植被风貌——前排的沙地上怪柳随风摇曳，中排的胡杨枯桩似乎还在萌出新苗，后排的沙枣树影婆娑。远处由绿洲景象延续过来的新疆杨、大叶榆和云杉等，作为背景，衬托着戈壁风貌。

前方一汪浅浅的清池，名为"镜面水池"。它水平如镜，倒映着主体建筑——麦西来甫歌舞厅的倩影。麦西来甫歌舞厅内部分为两层，一层为歌舞厅，二层是展示厅。设计灵感源自新疆葡萄晾房，但又将晾房常见的长方形形态改造为圆形。晾房在土生土长的葡萄产地，是一道自然的田园风景，用土坯砖块垒成，墙上砌砖专门留下错落有致的孔洞，孔洞的面积基本上就占墙面的一半。孔洞是用来给晾晒的葡萄挂串透气通风的。

"麦西来甫"是维吾尔语"欢乐的广场歌舞聚会"之意，是维吾尔族民间流行的歌舞和娱乐融为一体的娱乐形式，以舞为主，配以歌唱，节奏明快，热情奔放。参加麦西来甫的人数不限，一般在节假日或傍晚休息时举行。人们聚集在一起，吹拉弹唱、表演杂技魔术、跳舞娱乐，大家都可登场表演节目。它不仅丰富了人们的精神生活，而且具有传播艺术和引领道德风尚的社会作用。

歌舞厅左侧的高架棚上攀着葡萄藤，垂下的果实与受晾房启发而来的外墙相呼应，诉说着馥郁甜美的故事。在麦西来甫歌舞厅里，随风飘扬的艾德莱斯绸带好像维吾尔族姑娘旋转的舞裙。

徜徉在葡萄藤下，忽见园外大路畅通，原来到了展园的次入口，蓦然回头发现这里是很好的摄影点，精美的景墙、特有的拱门，配上麦西来甫歌舞厅的圆柱形体，构成摄影背景，新疆杨、铺地柏等在入口两侧形成框景，歌舞厅高架棚上蜿蜒的葡萄藤，正招呼着各位来宾成为主景呢！

江城水缘　乐水栖居
——武汉园解说词

武汉简称汉，自古又称江城，湖北省省会，国家华中区域中心城市，中国内陆最大的水陆空综合交通枢纽，历来有"九省通衢"之称。武汉，因水而活，因水而灵，入选国家首批 16 个"海绵城市"建设试点城市。武汉在其近千年的园林发展史上，秉承了楚文化尊重自然的特点，强调人与自然的和谐共处，近代又受"汉派文化"的影响，园林设计具有"包容与融合"的特征。

武汉园占地面积 2100 平方米，紧临同心湖，与华夏馆、华盛轩隔路相望。园区设计主题为"水"，分为"因水而生"和"依水栖居"两个主景观区，通过云梦泽、楚水建筑等元素，以创新手法打造富有楚文化特点的山水生态园林，讲述江城武汉与水的不解之缘。

在园区主入口处，迎面可看到灰色清水混凝土景墙与长方形阔门廊相连，形成框景，依稀透出园内的云梦泽景观。景墙左侧有折线叠级矮景墙，矮景墙层层叠叠似江水波纹，"L"形的池塘里荷花绽放，池中置一方形叠水石，"涌泉叠水"灵气欢畅。

移步入园，云雾缭绕似仙境的"梦泽记忆"景观区就在眼前。这是一块生态湿地，它通过水乡肌理、水生植物、鱼屋等楚元素，展现江汉平原自然的优美形态和富饶的物产，讲述了武汉因水而生、与水结缘的故事。云梦泽，又称云梦大泽，是湖北江汉平原上古代湖泊群的总称，先秦时这一湖泊群星罗棋布，外围周长约 450 千米，是代表湖北地域特色的文化符号。

静立湖边，恍惚间仿佛看到了滚滚而来的长江水，浩渺而雄浑，宽阔的江面上有来来往往、大大小小的船只在眼前。突然，树上鸟儿的鸣叫声又把我们带入梦泽湖畔。湖水被微风吹动，湖面左侧被椰榆、朴树等高大乔木，还有一些灌木和藤本植物环绕，睡莲、千屈菜、水葱、黄菖蒲等多种水生植物楚楚动人地立于水面，湖对面的渔船隐约可见，似乎又带我们回到了古老的江汉平原。林下竹排设置的缓步道，蜿蜒曲折，营造了一处简约而含蓄、幽雅而深邃的空间意境。

回过神来，顺湖边向右踱步，就到了"杉林幽梦"景观区。在路口，抬头可见一棵硕大的蜡梅，路的左侧竹子成行，右侧为整齐排列的水杉。水杉是武汉市的市树，是世界上珍稀的孑遗植物，有"活化石"之称，被列入世界自然保护联盟2013年濒危物种红色名录。移步换景，前行经过石盘路面，就到了"鱼欢梦溪"景观区——石板桥下鱼儿在清澈的湖水里快乐游玩。绕过路边高大的灌木，突然感觉视野开阔、空间变大，这时可看到主景观"鱼屋"。古时，鱼屋是人们用来休息的地方，屋前的渔网展示了人们劳动生活的场景。坐在竹制的临水平台，你可以欣赏波光粼粼的水面，感受人与水和谐共生的美好画面。

园区在游览路线上的每个拐角处都设有路灯和地灯，而且灯饰也颇有讲究，路灯上饰有武汉市市花蜡梅，地灯上的是楚辞香草造型，既美观，又方便游人夜间游览。

鱼屋的后面就是"依水栖居"景观区。周兮桥蜿蜒前行，展现的是长江的蜿蜒形态；石板桥面和栏杆的水波纹，似被滚滚而来的长江水冲刷出的水纹肌理；仿楚民居建筑"次鸟轩"，以竹木为主材，建筑风格质朴浪漫；毛板船、芦苇、荷花、叠水式的驳岸……这些构成了梦泽湖美丽的画面；仿楚民居建筑"次鸟轩"，以竹木为主材，人字形屋顶，建筑风格质朴浪漫。该景观打造出了一幅《九歌·湘君》中"鸟次兮屋上，水周兮堂下"人水和谐相处、相生相存的美妙景象，展现了武汉依水栖居、与水为友的生活方式。

　　武汉园最大的亮点就是水和植物。园中的两大片水域是两个景区的核心，它通过各类植物，形成半围合空间，展现了江城水缘。武汉园有乔灌木、竹类、藤本、水生植物等200多种植物品种，构成了"师法自然"的植被群落，尤其是具有地域特色的楚辞香草，像荷花、睡莲、千屈菜、菖蒲、花叶水葱、梭鱼草、再力花等，遍布园区，形成了凸显地方特色的植物景观。从外观看，整个园区被又高又大又密的大片水杉和不做修剪的竹子、朴树等合围，看似已成园多年，颇具年代感！

　　走过周兮桥，由次出入口、"次鸟轩"和园墙围合了一个静谧的休憩空间，石桌石凳、颇具风情的紫竹、景窗前流动的水帘……您可坐下细细品味楚园！

　　武汉园秉承了楚文化尊重自然的特点，强调人与自然的和谐共处，通过园路设置的各个景观节点，水杉林中的步道、石板桥、清泉、鱼屋和具有湖北特色的建筑"次鸟轩"，展示了世世代代武汉人"人水和谐、乐水栖居"的生活画面。

津韵萃园　　北国江南
——天津园解说词

　　天津，简称津，环渤海地区经济中心，是北方最大的沿海开放城市。天津的建筑独具特色，既有雕梁画栋、典雅朴实的古建筑，又有众多新颖别致的西洋建筑，素有"万国建筑博览会"之称。

　　天津园占地面积为2246平方米。展园凝练天津自然山水格局，利用地形打造层次丰富的三维景观，将退海地、秀美山色、沽塘水景、堤岛湖岸

传承华夏文明　引领绿色发展
——第十一届中国（郑州）国际园林博览会解说词

与天津历史文化相结合，通过空间营造、游线组织、分区手法等展现出天津园林的历史积淀与传承发展。

园中设计了一个用层叠的钢板打造的标志性雕塑景墙，其外围轮廓为天津标志性建筑"鼓楼"的剪影，柔中带刚。多层次的景观叠加将视觉焦点引到景墙中间的"津"字上，象征着天津园林艺术荟萃于一园，点明主题的同时也增加了标识性和观赏性。

主入口区通过模拟化地形表现天津最初为退海地的概念，盐碱地特征的植物景观展示了天津在盐碱化土壤改良及盐碱绿化方面取得的建设成果。天津市盐渍化土地面积约占天津市总土地面积的65.8%，其园林绿化大部分是在盐渍土上进行的，近年来通过现代技术，土壤盐碱化得到了有效的治理。

园区引导区通过抬高两侧地形，营造出绿谷环山的景观效果。运用最先进的绿墙技术，描绘出一幅自然清新的绿色画卷。绿墙是一种利用植物代替砖、石或钢筋水泥砌墙的现代围墙，在绿化美化展园容貌、减噪防尘、净化空气、调节温度等方面效果显著。峰回路转，景象时刻变换。道路转折处，天津地标性城市剪影雕塑景墙赫然在目，融入一抹深绿背景中的黑白印记，仿佛在诉说着天津的岁月变迁和风土人情。

从入口空间的狭长曲折中走出，主景区的豁然开朗让人心旷神怡。天津有民谣"九河下梢天津卫，三道浮桥两道关"，半隐于水中的石桥与舫、堤、岛等园林元素布置得错落有致，共同营造出缥缈、灵动的"北国江南"园林意境。

在沽水东北处坐落的新中式风格船舫——"候月舫"，让人联想到天津之名得自"天子津渡"，同时也体现出天津作为现代港口的形与意。

主景区的建筑——"舫"是仿照船的造型，在园林的水面上建造起来的一种船形建筑物，供人们游玩设宴、观赏水景。舫的基本形式同真船相似，宽约丈余，一般分为船头、中舱、尾舱三部分。船头做成敞篷，供赏景用。

中舱最矮，是主要的休息、宴饮的场所，舱的两侧开长窗，坐着观赏时可有宽阔的视野。后部尾舱最高，一般为两层，下实上虚，上层状似楼阁，四面开窗以便远眺。舫在水中，使人更接近水，身临其境，使人有荡漾于水中之感，是园林中供人休息、游赏、饮宴的场所。

出口区用围合的新中式院落空间呼应主景区船舫，舫、院相得益彰，展现天津多元、独特的人文特色。新中式庭院强调"师法自然"的生态理念，以自然风光为主体，将庭院万象有机地融为一体，重在构造的精巧，更重在山水意境的创造。

天津园以丰富的空间变化，从不同层面向游人展现了其多年来的绿化建设成果，全方位展现出天津百年兴盛的文化发展脉络，生动再现了天津的辉煌历史和蓬勃发展的现代活力，让到访者真正感悟到什么是"大美津城萃一园"。

海派艺林　匠心慧园
——上海园解说词

上海简称沪，别称申，又称魔都，是中国第一大城市，拥有深厚的近代城市文化底蕴和众多历史古迹，东西方文化交融形成其特有的海派文化。上海2003年荣获"国家园林城市"称号，是2013年第一批国家智慧城市试点。上海园林受中西方文化的双重影响，形成了独具特色的"海派园林"风格。

上海园靠近南门主入口和滨水广场，占地面积2300平方米。整个园区形似"申"字，以南北两个入口作为开篇，中间S形花廊似一条飘带将其紧紧相连，与椭圆形道路组成主体景观布局，通过"窗、廊、泉、谷、园"等特色景观，营造出了一幅传统与现代、人与自然和谐共生的生态画卷。

上海园有南、北两个入口，谓之"慧之窗"。南主入口白色圆洞门上写有"上海慧园"四个字，似乎要带我们进入时空之门。入口两侧均置有"生命的钢板"，各类花卉从钢板中冒出头，地面选用透水材料，人字形铺装，11盏地灯上的数字由南向北依次排列，展示了园博会的历程。入口区植物丰富的围合，造就了先抑后扬的入口空间感受。

进入园区，迎面可见一条被称为"慧之廊"的白色魔幻廊桥，形似飘逸的玉兰花瓣，其创作灵感来源于上海市市花白玉兰。这是整个展园最核心的部分，它连接南北入口空间，凌驾于整个花园的中心，正如"申"字的中心一笔，宛若流淌的黄浦江。它以钢结构为360°弧形的骨架，形似蜂巢，支撑的弧面像一个个景框，将左右两边不同的景象呈现出来，光线穿过顶部花格，会打造出光与影的不断变化，穿梭其中，其乐无穷。

廊桥地面采用灰色火山岩渗水材料，站在上面，可以观赏桥两边的"慧之谷"和"慧之泉"景观。廊架和廊道中间有一椭圆形镂空造型，阳光可以直射下面湖水。其中的"四水归堂"最为引人注目。"四水归堂"景观，以人工线形水柱形成"一帘幽梦"水帘，汇入中心湖区，湖内荷花开得正艳；两侧则利用透明玻璃管展示雨水收集以及植物利用雨水旺盛生长的过程。

位于廊桥东侧的"慧之谷"，是溪谷花园，提取世界地质公园——河南云台山景区的元素，堆坡筑石，假山、瀑布、叠水与湖面水景形成一个完整的循环系统。石板台阶路面与廊架相连，拾级而上，可以看到由来自河南和上海的多种植物搭配组合的阶梯花境，两边溪水潺潺，彩蝶飞舞，鸟语花香。溪谷上面的白色拱桥，与自然融为一体，有"再别康桥"的意境。

位于廊桥西侧的"慧之泉"，是一个开阔的复合式空间，湖面上一男一女望向远方的主题雕塑、可大面积观赏花草的滨水景观，展现的是现代都市关于"诗与远方"的思考。主题雕塑通身是用不锈钢镂空制作，由"申""沪""上海"三个名字的不同字体交织而成，艺术又时尚。您可以坐在造型奇特的长椅上休闲观景，也可以坐在草坪上发呆、思考、看水中倒影……

"慧之园"位于主景观两侧，是精致的迷你花园。浪漫迷你花园、可食花园、城市会客厅等，这样的小空间同样展现了上海人的慧生活，你可以在这儿停留休憩，感受上海海派文化的精致与优雅。

主入口西侧有一小块休憩空间，您既可以坐在长椅上欣赏美景，也可以近观身前的可食花园和灰瓦白石鱼鳞状地面造型，还可以仔细品味造型奇特的景墙上由红酒瓶、木塞和铜条铸成的叶子花型。次入口西侧是"城市会客厅"，由花卉和原木做成的背景墙，营造了一个静谧空间，石库门造型的窗外盛开着一朵牡丹花，表达了沪豫之间的深情厚谊。

上海园植物种类丰富，高低层次布局分明，园艺设计颇具匠心，石榴树、桂树、香樟树、羽毛枫、朴树等分布在园区的重要节点；紫薇、薰衣草、蓝铃花、花葱、铁线莲、百合、郁金香……各种园艺品种组合的精致花园，让人赏心悦目，流连忘返。

环形的步道、渗透型路面的设计和渗水材料的采用，构建起了园区"蓝色星球"生态链。

"三千年读史，不外功名利禄；九万里悟道，终归诗酒田园。"上海园浓缩了当代上海智慧园林的"艺心"与"匠心"，营造出了鲜明的现代园艺特色，诚邀您一起来感受上海慧园！

创意鹏城　版画人家
——深圳园解说词

深圳，别称鹏城，南隔深圳河与香港相望，因为明代为抗击倭寇而设立"大鹏守御千户所城"而得名。深圳园占地面积约2000平方米，以"鹏

传承华夏文明　引领绿色发展
——第十一届中国（郑州）国际园林博览会解说词

城版画人家"为主题，以深圳观澜版画村为原型，采用木刻、丝网、铜雕、砖雕与纸版拓印等多种艺术形态，创新出镂空版画、铜板雕刻版画、水中石板、签名墙等新型版画形式，结合客家村落风格特色和版画发展历程，构筑出"田园畅想、版画工坊、艺术部落、画出你我"四个景观区域，来展现深圳的创新精神。

观澜版画村是深圳十大客家古村落之一，院落组合鳞次栉比，屋顶形态连绵起伏，现代版画与客家古村落结合形成别具特色的文化元素，给艺术家的创作提供了思想的源泉，被誉为"深圳最美丽的乡村"。

入口广场处"鹏城版画人家"六个大字直接点明了深圳展园的精髓所在。连绵不断、高低起伏的是韵律景墙，借鉴了客家建筑最具特色的元素——尖锐飞带顶；还运用砖雕手法，采用镂空、转折等技法形成一定的肌理纹路，融合客家山水田园的韵律，青砖摆放错落不一，在阳光的照射下，投射出斑驳的光影画卷。搭配捉迷藏的儿童嬉戏雕塑，模拟出客家村落集聚的效果，展现观澜的山水村落。

穿过玻璃顶钢架结构的门楼，一入园便看到了景墙上镶嵌的一幅铜板雕刻版画，展现的是观澜版画基地的优美风景。往右手边拾级而上，一路绿树成荫，坐在景观亭中的长凳上，闻鲜花芬芳，听溪水潺潺，舒适惬意。

起身向前，沿着青石铺成的小径，来到园区展厅。正门上，镶嵌着由著名版画家陈烟桥的作品《春之风景》演绎而成的建筑景观。展厅的前窗、左右两扇木门运用了版画的特色"刻痕"，对其进行形式上的演变和排列上的组合，演绎出别致景观。高悬的红灯笼、巨大的石缸石磨等元素无不诠释着别具一格的客家建筑。

与之相对的是庭院的水池，设计师巧妙利用地势高差，设计了跌水景观。在清澈的水流中，透出另一组作品《雨打芭蕉》。《雨打芭蕉》运用行云流水的细线描绘出优美的芭蕉叶，芭蕉叶在流水中若隐若现，诗意盎然。

池对岸是一组小孩追逐的掠影，这组景观运用丝网版画叠成的原理，把人物不同的剪影立体化，叠加成一组具有空间感的立体雕塑。

从展厅的左门走出，通过长长的廊架，一路上可看到由版画艺术与框景手法结合而成的园林艺术。利用门框、窗框、树框、山洞等，有选择地摄取优美的景色即为"框景"。透过方形、圆形、花瓶形等窗框，可看到不同景致。

出了廊架，面前矗立的是一面景墙，墙体上有中外版画名家为历届观澜国际版画双年展留下的签名。一般画家都会在作品上留下自己独特的印记，最常见的就是画家的签名，在版画的收藏中，画家的亲笔签名是版画增值的重要因素。版画体验区传播版画艺术，塑造城市名片，放置未完工的木刻版画及工具，吸引大家参与版画创作，激发你我心中对版画的兴趣与向往，收获创作的成就感。

深圳园把现代版画与客家古村落结合起来，将客家建筑的尖锐飞带顶与版画的特色"刻痕"这两个最具特色的元素运用到园区所有构筑中，形成统一的建筑格调，将客家文化主题融合到现代景观元素中，在展示深圳版画产业发展历程的同时，深刻阐释了深圳这座活力城市的开拓创新精神。

赏鹏城美景，品版画艺术。

钟麓浅妆　静雅人家
——南京园解说词

南京，简称宁，古称金陵、建康，中国八大古都之一，城市造园历史悠久。

南京园占地面积约1800平方米，展园主题为"钟麓浅妆"，其师法素有"金陵毓秀"之美誉的钟山，着力表现"木草藏诗意，亭廊溯匠心"的工匠精神，以传统造园手法，再现"秋山明净如妆"的江南初秋景象。

园区共分为六个部分：入口构架、假山水池、石桥水墙、石潭溪流、禅意庭院和蜿蜒回廊。南京园以印月池与山体为景观中心，周边布置翼然亭、构架及庭院景观，利用蹊径和曲廊联系各个单体，组成可观、可游的有机整体，展现"咫尺山林"的园林意境。

南京园打破传统园林障景的手法，采用开门见山的方式欢迎游人的到来。放眼望去，园区粉墙黛瓦的建筑静静地矗立在秀丽的山水之中，给人以现代、清新、雅致之感，同时也让游人深刻领悟到中国古典园林文化的神韵。

入口处的条状草地以整齐划一的方式嵌入平静的水面之中，水中的睡莲静静绽放，突出了现代山水庭院的特色，岸边景墙上以漏花窗的方式镶嵌着"钟麓浅妆"。门口以简约的几何线条样式搭建的廊架横踞水面，落在地上的斑驳光影，别有一番意境。

自右侧进入园林深处可以看到，木石廊架间的梅花雕饰，似跳跃的精灵，隐约变幻于园中，烙下南京城市的印记。梅花通常在冬春季节开放，与兰花、竹子、菊花一起被列为"国画四君子"，也与松树、竹子一起被称为"岁寒三友"。南京人赏梅、爱梅。1982年，梅花被确立为南京市市花。现在南京还有梅园新村、梅花山等许多富有历史意义的胜地。

不知不觉中来到了"悟所轩"，此轩以半亭的形制与高墙融为一体，置身其中，悟道思行。墙上的漏花窗用青瓦设置了多种规则的图案，凸显了简约之美，又让人隐约中窥探到另一侧的美景。"悟所轩"前的双层梅花涌泉以水渠、方形汀步的形制引入山林溪流，汩汩的水流诉说着山林的故事，构筑了精致的庭院一景。

南京园主要山体的设计灵感来源于钟山。钟山位于南京东北郊，自古被誉为江南四大名山之一，因山顶常有紫云萦绕，又得名紫金山。紫金山是"六朝古都"南京城中海拔最高的山脉，其东麓地形延绵，林木茂盛，素有"金陵毓秀"之美誉。

假山之上翼然亭枕峦而立，这也是全园的最高点。翼然亭的亭名取自欧阳修的《醉翁亭记》中的句子"有亭翼然临于泉上"。站在亭中俯视全园，最吸引人的便是跌水清池的意趣。山林中的水跌入印月池，蜿蜒的池岸在水草的映衬下愈显园林的柔美，散落着的山石或隐或显于水草之中，构成山水一体之美。池清如镜，周遭山林建筑、朝画霞云倒映水中，虚实对比的手法丰富了园林景观。周边景墙、廊架宛如画布景框，或遮或衬，绘出"疏影横斜"的景园画卷。

南京园内地形起伏，一如钟山东麓的丘陵地貌，山势以石壁收结，不取高耸，唯求自然；溪流依地势蜿蜒；庭中片石错落成山；六角木亭枕峦而立，山下池水清澈如镜，描绘出一幅幅光影画卷，为厚朴的中原"浅施黛妆"。

泉水风貌　老城生活
——济南园解说词

济南，简称济，别称齐州，素有"泉城"的美誉。全市有十大泉群共800余处天然泉，"家家泉水，户户垂杨""清泉石上流"，曾是老济南传统市井生活的真实写照。

济南园占地面积约1900平方米，以"泉水风貌　老城生活"为主题，以泉为主线，营造多种类型的泉水串联起整个园区，达到"北水、南山、中间城"的效果。园区设有四大泉水景观区和一大民居展示区，围绕着老城生活与自然山水逐一展开；同时，又运用传统造园手法，将水街、民居等特色建筑有机融合，展示了泉、城、人和谐共生的生态理念和建设意境。

展园入口大门采用的是济南十大泉群之一的五龙潭泉群所在地——五

龙潭公园主入口的建筑形式，门侧题刻宋末元初大书画家、诗人赵孟頫题书的《咏趵突泉》，古色古香，古风古韵。入口广场内置放"众泉汇流"四字的景石，点明了济南"众泉汇流、穿城绕郭"这一独特的城市形态。

"北水"分区通过大面积水景，结合泉、荷、景石等元素展现济南的湖光美景。

"趵突腾空"是济南园的核心水景，位于观景石以南，背枕观澜亭。趵突泉位居济南"七十二名泉"之首，被誉为"天下第一泉"。趵突即跳跃奔突之意，反映了趵突泉三窟迸发、喷涌不息的特点；同时，又以"趵突"模拟泉水喷涌时"扑嘟、扑嘟"之声，可谓音义兼顾、绝妙绝佳。

园中主体建筑观澜亭，仿照济南趵突泉西侧观澜亭而建，专做赏泉之用。亭上对联为"三尺不消平地雪，四时尝吼半天雷"，出自元代著名文学家张养浩所作的七律《趵突泉》，亭侧有立碑，上刻"第一泉"三字，为清朝同治年间历城的王钟霖所题刻。

与主池相连的是模拟白石泉而设计的"白石粼粼"泉水，在主池东侧自成一景。泉边有洁白的自然石俯卧，泉波甚急，冲击白石，发出清响。而位于主池西南侧的"黑虎啸月"泉水区，则因"水激柱石，声如虎啸"而得名黑虎泉，上设有过水汀步，可供游人拍照赏玩。

由黑虎泉往南，便进入"中间城"——民居展示区了。该区利用建筑院墙围合，营造街巷空间，展示济南市井民生。济南园的建筑色调以黑、白、青灰色为主，搭配以灰砖、青瓦、白墙、青石板、石桥等，凸显济南老城的历史厚重感。其民居建筑借鉴济南传统民居形式，重新布局，形成一处院落空间。室内设有影壁，图文并茂地展示了济南往昔的传统风貌和近年来的建设成就。

位于民居展示区内的雕塑《泉畔人家》，以街巷与民居的形式，展示在泉水影响下的济南百姓生活特点。雕塑中，小男孩头戴荷叶，手握莲蓬，与洗菜的母亲亲昵互动，生动地展现了老济南人的生活场景。同时，园中有一眼井泉，取自济南著名景点舜井，充分体现出济南"山、泉、湖、河、城"相融相依的泉城特色景观风貌。

在民居展示区最南侧，是展示济南老城区众多老街老巷中最有情调和韵味的"起凤桥"的街巷景观，它与腾蛟起凤圆洞门相互呼应。站在这座桥上，向北可感受老济南的"曲水亭街"景观，向南可看到园区最后一道景观——"南山"之景"林语听溪"。

该部分通过地形构建山势布局，与水相映，结合假山、跌水等元素展示济南山色。模拟林汲泉的泉水自岩壁石隙涌出，沿陡崖下流，夕阳斜照，状如漂练，至谷底与众山泉水汇流，山水之色，一并赏之。

"四面荷花三面柳，一城山色半城湖"，泉城济南欢迎您！

时空隧道　浪漫之旅
——大连园解说词

大连位于辽东半岛的南端，地处黄渤海之滨，别称滨城，素有"北方明珠""浪漫之都"之美誉。

大连园占地面积约为1800平方米，以"卷入浪花的时空隧道"为设计理念，融合大连的历史、文化、风俗、城市面貌，将其符号化、元素化，将回忆"城市变迁"的文化园博、栽种"可食地景"的百姓园博、打造"雨水花园"的海绵园博、鼓励"参与互动"的智慧园博四个主题进行详尽的阐释，串联成一幅画卷，徐徐展开在游人的面前。

甫一入园，阵阵芬芳扑鼻而来，"大连园"标识简洁明了指出园区所属。大连园的主要景观是提炼时空旋涡抽象化设计的一条时空隧道，寓意着大连自解放以来历经沧桑取得的辉煌成就。通道内部结合灯光、透光、色彩拼接等新造园手法，将大连的足球、足球运动员、帆船、城市地标、鱼等城市符号贯穿展现在旋涡通道内的仿真草上，诠释"文化园博"主题。

游览隧道，白天可感受城市风采，夜晚可欣赏灯光美景，契合"智慧园博"理念。展园顺应时代发展趋势，在通道外部大色块种植植物，由青、绿、紫三种叶色的五色草拼接成立体绿化墙，整条隧道的外观看上去像是一个立体的海螺。

时空隧道旁有一座高6米的白色瞭望塔，是眺望外部景色的绝佳处。根据"可食地景"理念，展园选取了集实用、观赏、美化于一体的新型多功能蔬菜，并将蔬菜作为园区造景材料，有西兰花、紫生菜、观赏椒等，符合"百姓园博"主题。

出园之路是一条由米黄色和鸡血红色石子筑成的胶黏石路面，色泽自然，与园区建筑、植物搭配得浑然天成，打造出一个五彩缤纷的浪漫花园。园区利用雨水的滞留和渗透，结合植被、土壤、胶黏石路面等生态材料形成一种生态可持续雨洪控制和雨水利用系统，以此呼应"海绵园博"主题。

大连园运用现代设计手法引领时代潮流，传承城市精神，无论是在时空隧道中徜徉，还是在绿色王国中嬉戏，抑或是在休憩区等待一抹斜阳滑落天际，都能体验到大连这座浪漫的"滨海之都"独有的魅力。

椰城海风　文化之都
——海口园解说词

海口，别称椰城，由于它位于海南岛最大的河流——南渡江的出海之口，故取名为海口。本次参展的海口园占地面积约为1900平方米，以海口独有的地质景观火山和大海为设计主题，分"海之容""花之雅""椰之韵"

三个主题景观区，结合植物配置、铺装表达和情绪渲染，形成并强化三种场所精神：大海胸襟、三角梅品格、椰树风骨。

在展园入口处，运用波浪形铺装，结合海浪、贝类造型景墙，营造了热带海洋气息。景墙所用材料是海口当地的火山岩，这三面"海浪"景墙和"海洋"铺地的结合变化，体现了海口的海洋文化景观和火山文化景观，这也是绝大多数人记忆中的海口景观。第三面景墙为现代作品《百城赋——海口赋》。

漫步向前，便来到了花月雅亭，这是一个铁质镂空仿木亭，营造了通透清凉的停留之所。地面铺装着三角梅花的形状，并利用园林框景手法，将近景的花草和中景的跌水景观、远景的濯缨笠亭包含其中，增加了景观序列中的趣味性，进而引发展园景观序列的下一章。在雅亭的右侧雕刻了赞扬三角梅的一首诗：万紫千红竞芳菲，花开四季有阿谁。国色天香世人爱，我独赞誉三角梅。三角梅属于海南岛的本土植物，是海口市的市花，它不仅花开艳丽，而且常年有花，象征海口人热情、坚韧不拔、顽强奋进的精神。

穿过雅亭，沿着石板小路向前便抵达了沉思广场，它提取了火山口和琼台福泉的样式，以现代艺术和工艺为表达形式，抽象化海口的"生命之源"和"文化之源"。周围设置小喷泉，中心是一个运用铁架和椰子壳做的水系，营造了跌水景观。穿过广场，拾级而上便是濯缨笠亭，这是园中的制高点，为游人提供了一个休憩场所。笠亭的整体造型以传统与现代相结合，寓意对传统的回归和尊重。周围的围栏所用的是椰子叶铁质造型和椰子杆，笠亭最外围所用材料也是椰子壳，笠亭中间种植的是小椰子树，展现了海口的椰城文化，突出了椰树风骨。

海口园利用一系列的抽象设计语言，以简洁现代的形式结合构筑物、硬质和植物景观去演绎火山之美、海洋之美、植物之美和海口城市景观之美，使得传统与现代对话共生，新旧景观遥相辉映，展示了海口传统文化的魅力、现代文明的活力和生命延续的张力。

南国水乡　碧波多姿

——广州园解说词

广州,简称穗,别称花城、羊城,广东省省会,位于广东省中南部,东江、西江、北江交汇处,珠江三角洲北缘,濒临南海。广州是国家历史文化名城。从秦朝开始,广州一直是郡治、州治、府治的所在地,两千多年来一直都是华南地区的政治、军事、经济、文化和科教中心,是国务院定位的国际大都市和国家三大综合性门户城市,也是岭南文化分支广府文化的发源地和兴盛地之一。

广州园林是岭南园林的重要组成部分,其布局常以大池为中心,周边以四时花木点缀,配置高大的棕榈、木棉等乔木留荫。建筑材料以青灰色砖瓦为主,显得阴凉清淡。碉楼、亭、廊、榭、舫、桥等园林建筑穿插布局,结构精巧,空间通透开敞。

广州园占地面积约为1700平方米。设计方案以"一湾清流,百花添彩"为主题,运用岭南传统园林的造景手法,将园林建筑、水体、花木等元素有机组织起来,通过"小中见大"的艺术技巧展现岭南水乡特色景观。

广州园入口大门采用青瓦门楼的建筑样式,犹如敞开双臂的主人,迎接各地游客,体现广州人的包容和热情。步入园门,大门左侧造型别致的南国碉楼映入眼帘。碉楼是一种集防卫、居住和中西建筑艺术于一体的多层塔楼式建筑。与一般碉楼不同,广州园内这幢碉楼两边墙上筑起两个锅耳一样的挡风墙。锅耳墙因其形状与菜锅的手柄相似而得名。在元明清时期,"锅耳"墙并非由百姓随意建造,拥有功名的人才有此资格。官位大小决定着锅耳的高低。民间还流传一种说法:修锅耳墙可以保佑子孙当官,寓意富贵吉祥、丰衣足食。锅耳墙,又被称为"鳌头墙",有"独占鳌头"

的寓意。在功能上，锅耳墙不仅起到防火的作用，而且能够遮阳，使屋面减少日晒，还大大丰富了建筑的侧立面。

步入园门，两个扇形花窗将园中景色半遮半掩地透了出来，好似一幅扇画。左边的红荔雕刻花窗是采用广州民间传统剪纸的艺术手法，勾勒出荔枝造型，将广州传统艺术和岭南佳果融为一体，展现岭南文化。右边大的竹节状扇形窗，是仿照广东省佛山市顺德区清晖园扇形花墙而建造的。

进入庭园之中，曲径通幽，首先映入眼帘的是花城印象壁画，它将广州这个极具魅力的城市展示在游人面前。观赏壁画，既有别具风情的南国自然风光白云山，又有积淀深厚的历史文化遗迹陈家祠、镇海楼，还有生机勃勃的现代都市新景观广州塔等。壁画中央的陈家祠是具有极其浓郁的岭南地方特色的古建筑，规模宏大，厅堂轩昂，庭院幽雅。整座建筑的门、窗、屏、墙、栏、梁架、屋脊均配以精美绝伦的各式木雕、石雕、砖雕、灰塑、泥塑、陶塑以及铜铁铸等艺术精品，与雄伟的厅堂相辉映，浑然一体。壁画左侧是造型古朴独特的镇海楼，它是广州现存最完好、最具气势和最富民族特色的古建筑，被誉为"岭南第一胜览"。壁画右侧是广州塔，它拥有"一塔倾城""新广州、新地标"等美誉，是一座集旅游观光、餐饮、文化娱乐和环保科普教育等多功能于一体，具有丰富文化内涵的大型景观建筑，是广州新的制高点，其塔体高450米，天线桅杆高150米，总高度600米。

移步换景，来到庭园，这里曲径回廊，景趣盎然。园区中心碧波池内水波荡漾，周围清风竹影，观花赏石，别有一番趣味。曲廊环绕着广州园，环曲廊一周，全园景色都可以看到。曲廊的中央设有"碧波水榭"。凭栏而坐，假山叠瀑，清泉石流，流水淙淙，仿佛是南粤歌者以悦耳动听的声音，叙述着一个个生动有趣、多姿多彩的广州故事。

印象巴渝　半城人家
——重庆园解说词

重庆，简称巴，也称渝，国家历史文化名城，巴渝文化的发祥地。重庆地貌以丘陵、山地为主，以"山城"扬名，有"中国火锅之都""中国会展名城"之称。

重庆园取名渝萃园，占地3500平方米，以"印象巴渝　半城人家"为主题。"上半城""下半城"是重庆这座城市独有的称谓，上半城在山顶鸟瞰都市的繁华，下半城在山脚聆听历史的江涛。重庆园设计提取巴渝古十二景半数景点，构筑景观序列，以连接重庆传统与未来的上、下半城"十八梯"为时间和空间线索，聚焦传统的继承与发扬，寻找山城记忆。

从入口广场拾级而上，巴渝风格的柴门指引视线，可见石板桥对景福字照壁。一叶木舟映入眼帘，每当皓月当空，江舟归来，湾内黄葛浓荫遮蔽，月光照耀下的江面倒映着点点渔火，古巴渝十二景中的"黄葛晚渡""龙门皓月"美景仿佛就在眼前。黄葛古渡曾经是一个摆渡渡口，"黄葛"指黄葛树，"黄葛晚渡"因候渡者傍晚时分在黄葛树的浓荫遮蔽下等待船归而得名。

福字照壁名曰"龙门皓月"，重庆园以福字照壁指代"龙门"。长江奔流过程中被一排隆起的石梁劈为内外两流，中间断开处正好疏通着内外水系，由于形如龙门，南宋便有人在其内外两侧刻龙、门二字。移步向前，右侧建筑熠熠生辉，取名"金碧流香"，系古巴渝十二景之首。这里曾是观江的制高点，举目远眺，俯瞰江水，迎面清风徐来，暗香扑鼻，前人便名之曰"金碧流香"。继续向前，只见跌水景观中喷射的水雾洒落在海棠树上，似春雨降临时淡烟微布、细雨如丝，再现了古景中海棠溪边的海棠烟雨之美。"洪崖滴翠"景观位于园区最南端，园中具有巴渝风格的吊脚楼依势而建，水流顺着屋檐星星点点地向下滴洒，散落地面，颇有"洪崖滴翠"之意境。

穿过"洪崖滴翠"景观，经长廊来到象征真正山城老重庆的十八梯，十八梯是从上半城（山顶）通到下半城（山脚）的一条老街道。这条老街道全部由石阶铺成，把山顶的繁华商业区和山下江边的老城区连起来。沿着台阶慢慢走下去，街上到处散发着浓浓的市井气息。十八梯是老重庆市民生活的真实写照，是带不走的心底最真的记忆。

渝萃园的建筑格局采用"四水归堂"制式，其平面布局为四合院，屋顶呈深远的出檐，由于屋顶内侧坡的雨水从四面流入天井，俗称"四水归堂"，大有汇水聚财之意。

园内一条水系纵贯全园，设计取材于长江、嘉陵江在朝天门交汇处的水流，迂回曲折天然形成一个古篆体"巴"字，谓之"字水"；华灯初上时，波光凌照熠熠生辉，重现山城夜景"字水宵灯"。

巴渝古十二景是重庆著名的文化名片，重庆园传承经典，探索新知，以古法新炮的手法熬制六道风味，由南至北分别为洪崖滴翠、海棠烟雨、字水宵灯、金碧流香、黄葛晚渡、龙门皓月。这巴渝六景贯穿全园，再现巴渝之美，空灵缥缈，别具幽趣。

重庆，一个富有三千年巴渝文化底蕴的历史名城正风姿绰约，用它浑厚的人文历史、灵动的自然美景，张开双臂，欢迎您的到来！

丝路繁华　长安迎宾

——西安园解说词

西安，古称长安、镐京，我国八大古都之一，先后有 13 个王朝在此建都，古丝绸之路的起点。

西安园占地面积约为 2100 平方米，以"宴请"为主题，展现唐玄宗李隆基赐宴丝路国家外交使节的场景。园区规划布局为纵向多进式，步步抬高，拾级而上，分为外广场和内庭院两个分区，中间采用三间歇山顶唐代建筑作为屏风障景，两侧角亭用回廊连接，分割内外空间，有可望而不可即之意。歇山顶为古代中国建筑屋顶样式之一，共有九条屋脊，即一条正脊、四条垂脊和四条戗脊，由于其正脊两端到屋檐处中间折断了一次，分为垂脊和戗脊，好像"歇"了一歇，故而得名。

展园入口处是一个广场，地面上设计唐代吉祥图案——朱雀地景浮雕，彰显西安迎八方来宾的好客热情。移步向前，可以看到两侧绿地上的骆驼、胡人、汗血宝马雕塑，寓意"有朋自远方来，不亦乐乎"，而且汗血宝马是丝绸之路上东西方文化交流的重要见证。

拾级而上，穿过屏风便来到了内庭院，这里是展示唐玄宗在皇宫赐宴接待丝路国家的外交使节的地方。高台设计了九步台阶，中间为龙凤呈祥的神道，南面是皇上的高台龙椅，台上有侍女及乐师，背景为庑殿式建筑，上部大屏幕播放丝绸之路、一带一路宣传片，展示古今丝绸之路文化。庑殿顶是古代传统建筑中等级最高的一种屋顶形式，它的屋顶陡曲峻峭，屋檐宽深庄重，气势雄伟浩大，在等级森严的封建社会里，是皇权、神权等统治阶级权力的象征。此外，外广场和内庭院还设置两台电子触摸展示屏，既便于游客详细了解展园，又体现智慧园林的理念。

台下舞池为音乐喷泉水池，池底面铺装彩灯，随着音乐律动，池内灯光变幻，水花异彩，伴着舞者剪影翩翩起舞。舞池两侧是摩崖景墙，景墙上雕刻的是西域胡人，映射了西安开放与包容的城市精神。景墙前的红木几案设置空座，欢迎游客入席，融入其中。盛唐时期，皇帝经常赐宴招待来自丝路国家的外交使节，赐宴也是弘扬国威、展示国力的政治行为。皇上坐北朝南，贵客东、南、西面围坐几案，佳肴美酒，鼓乐歌舞，是皇室接待礼仪。唐朝李氏家族有鲜卑族血统，能歌善舞，每每宴会到高潮处，玄宗会离开龙椅步入舞池，与众人一起翩翩起舞。

园内种植国槐和石榴树。国槐是西安市市树，有"宫槐""守宫槐"之称。石榴花是西安的市花，其中西安临潼石榴种植面积、产量和质量均居中国之首。骊山之麓，遍布榴园，尤其以五月榴花红似火被唐代诗人白居易赞美"花中此物是西施"。展园通过"一叶知秋"的手法，融合智能科技智慧化管理，弘扬了古都长安盛唐时期丝路文化的昌盛景象。

白鹭红砖　古今相传
——厦门园解说词

厦门市，别称鹭岛，位于福建省东南端，曾获"国家园林城市""国际花园城市""全国绿化模范城市"等多种称号。2017年7月，鼓浪屿被联合国教科文组织列入世界文化遗产名录。

厦门园占地面积为1700平方米。它既吸收了传统的造园艺术，融入了现代的发展成果与理念，又彰显了"闽南红砖"的风格，塑造了厦门园的品牌特色，展示了厦门园林的地域特色、历史人文以及时代特征。

园区主入口两侧为闽南红砖堆砌的景墙，框景漏窗使用恰如其分，其原型为闽南红砖厝以及燕尾脊，造型飘逸自然。园区内部也可见红砖遍布，以红砖铺地体现厦门人对红砖的钟爱，象征着海洋的红砖波浪台地十分醒目。红砖在闽南民居中是最常见、最具代表性的建筑材料，屋顶、外墙、小巷的地板皆用红砖堆砌。闽南红砖、水泥花砖、泉州白花青石、闽南石雕在厦门地区应用非常广泛，属其地域特色。

除了闽南红砖，水泥花砖是中西合璧的建筑材料，是华侨文化、海洋文化的体现。闽南建筑中最具代表性的特色是其屋脊中"燕尾脊"的形象，以及动感十足的屋面曲线，这点在入口景墙与主建屋顶都得到体现，同时主建立面以传统的窗花及红砖来装饰，地面点缀水泥花砖，起到画龙点睛的作用。

入园主景是一座白鹭景石雕塑，其原型为厦门的标志"日光岩"，白鹭则为厦门的市鸟。日光岩俗称"岩仔山"，别名"晃岩"，为厦门鼓浪屿最高顶，居其上可将岛屿海景风光尽收眼底。相传，1641年，郑成功来到此地，觉得该地景观胜过日本的日光山，便将"晃"字拆分开，称其为"日光岩"。

园区植物造景以适地适树、突出重点为原则。重要地方布置厦门特色盆景、盆栽，如三角梅、榕树、铁树、散尾葵等。主要树种有朴树、香樟、桂花、合欢、国槐、油松、紫玉兰等。园区西北处矗立一座棕榈亭，并配有可供游客休憩的座椅。

园区生态建筑——甬道的设计既延长了游览线路，又强化了景观深度。它既为游人提供了休憩乘凉之所，也展示了厦门二十处著名的自然及人文景观，即万石涵翠、大轮梵天、云顶观日、五老凌霄、太平石笑、天界晓钟、东环望海、金榜钓矶、北山龙潭、虎溪夜月、东渡飞虹、金山松石、青礁慈济、鸿山织雨、胡里炮王、筼筜夜色、皓月雄风、菽庄藏海、鼓浪洞天、鳌园春晖。

厦门园设计充分考虑了新材料、新工艺的使用，强调现代建材的优良特性，使园区建筑小品的造型更轻巧、更飘逸，空间也更宽敞、更明亮，符合现代生活习惯与审美要求，在设计理念中也充分融入了现代生态理念、低碳理念以及海绵城市理念等。

"海外青山山外海，凭高纵目气增豪。"厦门园通过"闽南红砖"的完美使用与展示，诠释了其对传统文化的继承与发展。

"红色丝路" 引领发展
——遵义园解说词

遵义，简称遵，位于贵州省北部，是首批国家历史文化名城。遵义会议彪炳史册，国酒茅台驰名中外。

遵义园占地 2000 平方米。整个园区以"遵义会议""四渡赤水"等为历史符号，运用中轴线造园手法，将"遵义会议会址"设置在园区中央形成视觉中心，以象征长征精神的"赤水河"景观水廊和"红色丝路"步道为主轴线，将各景观小品串联起来，以表达"红色丝路，引领绿色城市新起源"的主题。

园区通过特色小品烘托出红色丝路大意境。园区入口处有水幕玻璃，展示四渡赤水时红军劈波斩浪的场景。四渡赤水是红军在长征途中以少胜多的经典战役，更是长征史上光彩神奇的篇章。

"遵义会议会址"模型位于园区中心，园区的主建筑"遵义会址丰碑"由玻璃盒子、会址模型以及记录遵义会议过程与精神的金属体块构成，象征着历史尘封、缅怀遵义会议的精神，使整个遵义城市空间成为历史博物馆，为绿色城市带来新的思考方向，为百姓创建了一个高品质的绿色城市空间。

"红娘子"雕像位于园区中轴线上，是为了纪念红军长征途中的卫生员龙思泉而建的，其周围设置了一系列玻璃文化介绍牌，突出展示了红色文化与长征精神。

"红色圣地"是指位于园区北面的映山红"花海"。映山红别名杜鹃花。作为遵义市市花，映山红在遵义广有分布，映山红盛开之时，漫山遍野，花团簇拥，十分壮观，象征祖国繁荣昌盛、人民生活美好幸福。映山红还象征红色文化，寓意身处黑暗的老百姓对红军带领劳动人民赶走黑暗迎接光明的殷切希望。

"赤水河"景观水廊环绕在园区四周，通过水景与连桥的搭配，组织出四渡赤水的空间体系，四个渡口节点指向中央的文化精神中心——遵义会址纪念碑，在空间上突出象征着遵义这个红色老城的文化中心。此外，蜿蜒曲折、跌宕起伏的红色丝路与连桥也象征着长征之路的艰难与困苦，象征着中央红军在长征途中，虽受到国民党几十万重兵围追堵截，但仍百折不挠的精神。

园区内除了突出红色文化，还以"茅台酒"流水陶罐展示了茅台酒文化。茅台酒产于贵州省遵义市仁怀茅台镇，素以色清透明、醇香馥郁、入口柔绵、清洌甘爽、回香持久等特点而名闻天下，被称为中国的"国酒"，同英国苏格兰威士忌和法国科涅克白兰地并称为"世界三大名酒"。

遵义园不仅展示了红色文化，更彰显了遵义人民对美好生活、绿色未来的期望。在发展绿色遵义的新长征道路上，我们将不忘初心、传承历史、坚定信仰，在长征精神的指引下，开启红色遵义辉煌的新篇章！

B区展园

仁智山水　京豫渊源
——北京园解说词

北京是我国的首都。历史上，北京还是金、元、明、清四个朝代，历时八百年的国都，在园林营造方面，由于自身地理条件和历史背景的优越，不同时代的建筑师们可以博采全国各地园林之长，因地制宜，使北京的园林各具特色、和谐优美。为了显示帝王的威严、高贵，北京的园林注重建筑的雄伟，注重局部的精细，注重色彩的艳丽，形成自己的特殊风格。北京园林早在几百年之前，就领先于世界各国首都。北京园林是我国北方园林的代表，也是皇家园林的代表，习惯上也被称为北方皇家园林。

北京园选址于核心景区的西部，面积为5206平方米，与园区轩辕阁、主展馆呈掎角之势，是核心区三大控制性景观之一。

北京园采用皇家山地园形式，沿承皇家园林风格，主要运用松、石、花、屋四大要素，构成三个内向空间、两个外向空间，营造步移景异、旷奥兼得的园林意境。北京园外借湖山的皇家山地园，设计主题为"仁智山水　安乐生活"。"仁智山水"取自《论语》："知者乐水，仁者乐山；知者动，仁者静；知者乐，仁者寿。""仁智山水"是皇家园林的精神原点，也是现代生活的新追求。"安乐生活"源自乾隆十五年（1750）乾隆皇帝巡幸中州河南的一次乐山之旅。此次巡幸，乾隆皇帝在邵雍的"安乐窝"

驻跸多日，回京后将其仿建于清漪园万寿山西部，题名"邵窝"。北京园设计主题选取"乐山之旅"这一历史印记，展示了北京与河南之间深厚的文化关联。"安乐生活"同时也表达了当今中国百姓安居乐业的梦想。

北京园以地形、植物与建筑相互穿插形成半围合式空间，采用南北轴线布置手法，将主建筑"湖光山色楼"（即"共一楼"）置于轴线南侧，通过抬高地形，满足园区主入口的观赏需求。园内空间由三个层次组成：一层由东部建筑围合成相对开敞的中庭空间；二层由叠石松林形成相对郁闭的台地松岛景观；三层为松林西侧嵌于地形内的一组院落"小邵窝"形成的郁闭空间。三层空间不仅丰富了全园的游览路线，还形成了动静有致的空间感受。

园中分布八个景点：湖光山色、锦绣蹬程、嵩岩菊瀑、邵窝静思、望轩辕台、皇经仙草、筛月松径、三白花甸。

湖光山色景点：体现湖光山色的主建筑名为"共一楼"。此楼充分利用了高低差，使游客从园外看是两层，从园内看是一层，建造成高低楼的建筑形式。主建筑3间2层，绿卷边黄琉璃，卷棚歇山。"共一楼"的色彩主调为金黄和大红，大红色的梁、柱，十分庄重，以其雄伟、庄严的气势使人折服；同时也十分注重局部的精细，注重色彩的艳丽。湖光山色楼寓意"仁智山水"。园内一层的大门两侧悬挂有颐和园万寿山排云殿对联，上联是：嵩岳大云垂九如献颂，下联是：瀛洲甘雨润五色呈祥。二层的大门两侧也悬挂着对联，上联是：清流连中州半阁动影同心水，下联是：松石自京城满园静翠共一楼。两副对联表达了北京与河南之间密切的文化关联。

锦绣蹬程景点：仿照皇家建筑前安设"丹陛石"的手法，在"共一楼"前，结合蹬道设计25米长、4.5米宽的"云龙花地毯"，采用盆栽、穴盘、切花等方式，栽种各色花卉，寓意"锦绣前程"，这也是历届北京园花卉布设手法的一次创新。

嵩岩菊瀑景点：北京园内利用地势高差陡坎，叠石为崖，石材选用嵩山节理石，突出"登封朵岩"而形成中岳嵩山的山景，融入嵩山石崖的寿岳文化内涵，突出"仁者乐山"主题。依陡崖展示北京特色"悬崖菊"，创造形神兼备的园林意境。

邵窝静思景点：1750年，乾隆皇帝在祭拜嵩山途中，在辉县百泉访问了苏门山麓的邵雍安乐窝，并在安乐窝驻跸多日，挥写诗篇。邵雍是宋代著名的哲学家，乾隆追求"静明"境界，与邵雍"虚明""内圣外王"的思想不谋而合，在今天仍有启迪意义。顺便说一下，邵雍曾写过一首脍炙人口的幼儿启蒙诗《一去二三里》：一去二三里，烟村四五家。亭台六七座，八九十枝花。乾隆从河南返回北京后，在万寿山兴建了一处仿照邵雍安乐窝的建筑，题名"邵窝"。北京园内的"小邵窝"又重现了这段历史逸闻，此处采用万寿山邵窝布局形式，赋予新意，以松为屏、梅为坞、竹为壁，止水为镜，清心洗虑。

望轩辕台、黄经仙草景点：轩辕帝陵多地都有，北京也有一座，又称轩辕台，李白诗"燕山雪花大如席，片片吹落轩辕台"写的就是这里。北京园内临坡建台，植竹为门，放眼主山轩辕阁，别开生面。台下开辟"黄帝内经草药"花境"仙草坡"，形成了"黄经仙草"景点，烘托"仁寿"主题。

筛月松径景点：在小邵窝的入口处种植九棵古松，形成台地松岛景观。入夜，月光之下，如水似流的清光透过松针射下，疏影横斜，银光洒地，别有一番幽韵，庭院更显寂静清心，景点由此得名。

三白花甸景点：白皮松又称白松，是北京皇家园林的特色树种，寓意坚定无畏及长寿。唐代武则天曾封嵩山松为侯，清乾隆也曾封白皮松为白袍将军。北京园建造时，特地从北京移植来三株巨大的白皮松，以白皮松为屏风，配以迎宾花境，营造"三白花甸"，兼得苍劲与秀丽之美。

园内外分布着"九仁"铜钮，点明园林的主题"仁智山水　安乐生活"。

北京园林建筑在细微之处见匠心。精心彩绘的垂花门，多年修剪培育的五侯槐，一段曲廊，一丛阶边的小草，一组精妙的雕刻，一幅幅山水诗、山水画，对烘托气氛无不起着微妙的作用。在北京园内你会体会到中国传统文化和园林艺术的博大精深，体会到"知者乐水，仁者乐山"的深刻内涵，提高你的文化修养和精神境界。

嘹歌迎宾　壮乡风情
——南宁园解说词

南宁，简称邕，别称绿城，是广西壮族自治区首府。南宁有着深厚的文化积累，古时称为邕州，得天独厚的自然条件使得南宁满城皆绿，四季常青，所以有"绿城"的美誉。

南宁园名为"嘹歌园"，占地面积约 2700 平方米，全园围绕"壮族嘹歌"文化，分为"闻歌触忆""探源寻歌""汇乐赞歌"和"传歌扬情"四个景观分区。

壮族嘹歌为著名的壮族长篇古歌，它是经过长期的口头传诵后由壮族文人加工和删改再用古壮族文字记录，并在格式上作了适当规范的歌谣集，其内容相对固定，大多反映壮族人民劳动、生产、生活、爱情、婚姻、历史等方面内容。壮族嘹歌以其唱法中每一句都有"嘹—嘹—嘹"作为衬词拖腔而得名。在壮语中，"嘹"含有"唱歌玩乐"的意思，是壮族"好歌""以歌为乐"的民族文化心理的生动体现。壮族嘹歌分为"日歌""夜歌""散歌"三大部分，共有 4000 多首、16 万多行。2008 年，壮族嘹歌入选由国务院评审公布的国家级非物质文化遗产名录。

嘹歌园的主建筑为壮族的木楼，名为"八音楼"。 该建筑以干栏式建筑为原型，空间结构借鉴干栏式建筑的布局形式，强调空间层次的体验感；主建筑整体构造采用穿斗木构架，流畅的屋面曲线及交错的木架结构体现了干栏式建筑的结构美学；建筑细部装饰提取了干栏式建筑特有的装饰构件，立面上通过抽象的壮锦图案来丰富建筑的虚实变化，让建筑显得更为轻巧、灵动。

嘹歌园的另一处建筑为"洗衣亭"。壮族的男子有出国到东南亚打工挣钱的传统，他们在外思念亲人，为了给女人们洗衣提供一个遮风避雨的地方，便修建了洗衣亭。可以说，洗衣亭是最独特最温柔的公益建筑。洗衣亭的建筑采用明清时代的风格，由洗衣台和亭两部分构成。洗衣台以"田"字形呈现，亭上有飞檐式的青瓦顶，宽大的亭盖被几根巨大的楸木梁柱撑着，立于洗衣台之上，起到遮阳避雨的作用。亭下铺着一道道光滑的石板、石沟、石栏。清清的河水从一道道次第分隔的石板上淌过，一些白鹅在亭边嬉水，红鱼、黑鱼在水下游荡。洗衣亭如同男人结实的臂弯一般，虽然不能为女人们遮蔽多少风雨，却让她们感受到了温暖和依靠。也许只有长期出门而又牵挂着故乡的人，才有如此细腻的心思。

嘹歌园内还有极具壮族特色的打击乐器——铜鼓。铜鼓已有2700多年的历史，是壮族最具代表性的文化遗产，是我国古代青铜文化中的一朵奇葩。对于古代的壮族人来说，铜鼓是一件重器，在人们的心目中是非常神圣的。铜鼓本身就是一件精美的造型艺术品。无底腹空，腰曲胸鼓，给人以稳重饱满之感。鼓面为重点装饰部分，中心常配以太阳纹，外围则以晕圈装饰，与鼓边接近的圈带上铸着精美的圆雕装饰物。鼓胸、鼓腰也配有许多具有浓郁装饰性的绘画图案。鼓足则空留素底，造成一种疏密、虚实相间，相得益彰的效果。

木楼和洗衣亭上绘制有壮锦的图案。壮锦是壮族人的特色手工织锦，色彩艳丽，风格粗犷，极具民族特色，在壮族民众中使用非常多。壮锦与云锦、蜀锦、宋锦并称中国四大名锦，据传起源于宋代，是广西民族文化瑰宝，有着悠久的历史和深厚的文化底蕴，曾经作为贡品进献皇宫。历经一千多年的发展，以壮锦艺术为典型代表的广西民族织锦艺术已成为我国传统民间艺术的重要组成部分。"传歌扬情"景区中的"那作聆涧"景观颇具特色。壮族、侗族的人们称水田（稻田）为"那"。园区通过种植朱槿花、美人蕉等具有广西特色的植物，展现稻作景观，并在田间点缀着柳树及桂花，让整个田园充满野趣而又不失舒朗，体现了广西壮族自治区特有的"那文化"。

现代歌曲《绿水青山都是歌》唱出了南宁的美丽风光。歌中唱道：一条邕江穿城过，一座青山城中坐。青山伴着绿水转，绿水青山都是歌。风在唱啊云在唱，绿水青山都是歌。花在唱啊鸟在唱，绿水青山都是歌。

欢迎各位参观南宁嘹歌园，欢迎各位到南宁做客！

城市山林　湖石别院
——苏州园解说词

苏州，古称吴，简称苏，又称姑苏、平江等。苏州位于江苏省南部、长江三角洲中部，是江苏长江经济带的重要组成部分。苏州城建城早，有近2500年历史，至今基本保持着古代"水陆并行、河街相邻"的双棋盘格局和"小桥流水、粉墙黛瓦、古迹名园"的独特风貌。2014年中国大运河苏州段入选世界遗产名录。2016年1月，苏州被住房和城乡建设部评为首批"国家生态园林城市"。

苏州园林是对江苏省苏州古典山水园林建筑的统称，又称"苏州古典园林"，素有"江南园林甲天下，苏州园林甲江南"之誉。苏州园林始于春秋，形成于五代，成熟于宋代，兴旺鼎盛于明清，到清末，苏州已有各色园林170多处，现保存完整的有60多处，历史绵延2000余年。苏州园林以私家园林为主，以意境深远、构筑精致、艺术高雅、文化内涵丰富而著称，代表了中国私家园林的风格和艺术水平，在世界造园史上有其独特的历史地位和价值。1997年，苏州古典园林被列入世界遗产名录。

苏州展园占地面积1500平方米，南临休闲广场，北靠展园主湖区，地理位置较佳。整个场地呈近三角形，东南高，西北低，整体地势较为平整。园区利用场地高差及西部园区土丘形成合围之势，创造了大园区中"壶中天地"之意境。

苏州园采用传统造景手法，步移景异，以小见大，扩大景深，营造丰富的园景效果。整个园区依次分为"榉竹幽居""玲珑雅琪""海棠琴瑟""嘉实画意"四个部分。

第一部分"榉竹幽居"景观区：入口广场采用太湖石景营造不规则的边界环境，搭配榉树、竹等，形成围合的空间，给人以"山有小口，仿佛若有光"的空间感受，转而豁然开朗，入口门厅"城市山林"牌匾映入眼帘，取"不出城郭而获山水之怡，身居闹市而得林泉之趣"之意。该建筑借鉴苏州名园沧浪亭的形式，采用砖细门楼的形式，展现苏州园林的格调；白墙与峰石的结合，凸显了苏州园林的特色，形成曲径通幽之势。

第二部分"玲珑雅琪"景观区：穿过"城市山林"的门厅，就进入了园区第二部分"玲珑雅琪"。该部分包括景观峰石、五福地铺、玲珑馆、湖石别院、书台松影、古井台等微景观。入门迎面可见一块高达4米、具有"瘦、漏、透、皱"特点的太湖景石，它与植物相结合，作为入口的障景，在视线上形成遮挡；绕行可见地面上的五只蝙蝠围绕着一枚古钱的"五福地铺"，取"五福临门"的美好愿望；东侧的"书台松影"景观是苏州虎丘十景之一的"书台松影"的再现，而西侧的"湖石别院"，则是由太湖石和乔木围成的一处别样风景，给人以停留静思的空间。主体建筑"玲珑馆"是借鉴苏州名园拙政园中玲珑馆建造的，取其"一片冰心在玉壶"

之意；古井台、书台松影与湖石别院形成次要轴线，特色鲜明的古井和棋台颇具趣味。

穿过连廊就到了"海棠琴瑟"景观区。该区为游园最佳处，通过地形、水、植物、建筑营造丰富多样的景观，同时借西边之景，形成山地合围之势；以水为中心，以水景院落为特色，临水堆山叠石，搭配植物，营造四时之景；连廊和海棠春坞作为该院落西边的景观界面，与东边爬山小径自然野趣的风格形成对比，趣味十足。海棠春坞原型位于苏州的拙政园内，此乃仿造。院内有垂丝海棠、白玉兰、紫玉兰，待到初春时百花盛开，煞是喜人。轩内置一仿制古琴，会让人悠然想起姑苏评弹的优美画面。

第四部分"嘉实画意"景观区包括次入口、云墙、海棠花街、嘉实亭、爬山小径等景观。该区位于苏州园东北侧，紧邻次入口，通过台阶和石景的组合，形成高差；次入口门楣上的"览翠"二字道出了月洞门造园手法的精妙之处。主体建筑嘉实亭作为制高点，可以远眺轩辕阁，发挥了轩辕阁的借景作用；嘉实亭以文化主题"画"进行布展，彰显了苏州园林的诗画情怀；爬山小径以湖石、植物与高差的结合，营造步移景异、曲径通幽的景观效果。

苏州园是苏州园林的浓缩展示，通过上面四个景区的呈现，结合"琴棋书画"的文化定位，构造了"松下对弈、花间听琴、梅林论诗、竹林赏画"的独特意境，体现了苏州私家园林独特的风雅情趣和诗情画意。

一面面古典之窗，一道道岁月之门，让我们走进苏州园，感受它独特的韵味吧！

淮左名都　竹西佳处
——扬州园解说词

扬州，古称广陵、江都、维扬，诗仙李白"烟花三月下扬州"的曼妙诗句赞其浪漫与多情。扬州不仅有"淮左名都，竹西佳处"之称，而且有"中国运河第一城"的美誉，是中国首批历史文化名城、国家园林城市。

扬州园占地面积约 1700 平方米。整个园区设计理念充分将扬州园林传统造林手法与现代元素结合，布置了"厅堂为主"的格局，精用砖、石、木等传统建筑材料，结合扬派叠石的技法，着力打造富有诗情画意的自然山水田园。

扬派叠石之奇妙，在于其小石堆叠技术十分精湛，造园者运用高超的造园艺术，在选石上颇为讲究，将小石分别组合、拼镶成景，独峰耸翠，秀映清池，确当得起"奇峭"二字。

扬州园采用传统四点式构图，动静结合，突出文化园林特色，充分展示扬州园林融南北园林之长的特点。传统四点式构图即以"门、轩、廊、亭"设计园景。园林设计结合地形条件，设置一个主入口和两个次入口，运用了障景、框景、隔景、借景、对景等设计手法，以表现传统园林寄情山水、淡泊高雅的境界。园内结合扬州园林独特的文化特色，设置邀月堂、簪花阁、畅观亭等主要景点。

主入口采用障景和框景手法，通过一处精致的花窗圆门景墙吸引游人目光，透过镂空的花窗使得园内景观若隐若现，穿过圆门使人豁然开朗，进入主园别有洞天之感油然而生。南次入口以框景手法设计粉墙黛瓦景墙，门洞取方门造型，恭迎八方游人前来观赏。北次入口设一蜿蜒小径连接扬州园静竹庭院，周边种植竹林、乔木林营造清幽静谧效果。

传承华夏文明　引领绿色发展
——第十一届中国（郑州）国际园林博览会解说词

晚唐诗人杜牧吟咏扬州道："谁知竹西路，歌吹是扬州。"宋代词人姜夔又有"淮左名都，竹西佳处"的词句。"淮左名都"是指扬州在宋代是淮南东路的治所；"竹西"即竹西寺，竹西寺原名上方禅智寺，最初为皇帝行宫，后隋炀帝舍宫为寺。"竹西佳处"从此便成为扬州的代名词。园区正是以"竹西佳处"命名，整个园区遍布箬竹、紫竹等多种竹子，扬州园林堪称将竹子运用到了极致。进入主入口右侧便可见两株清秀高雅的龟甲竹。龟甲竹因其凹凸有致，坚硬粗糙，形似龟甲而得名，同时象征着长寿健康，表达了扬州园造园者的衷心祝福。

沿右侧松石登道可达园区最高点——畅观亭。园区竹西亭取水池之土，运用土包法推土造山而成。登山步道选用自然面青石板，追求天然朴拙的效果。畅观亭北侧以湖石假山堆叠，造跌水景观，与主厅建筑形成对景。立于畅观亭高地俯瞰扬州园全景，亭台轩榭，湖石假山，潺潺跌水，小桥人家，一幅精致山水画卷，引人入胜。

沿青瓦波纹铺地可达园区主建筑——邀月堂。它是由一组传统风格建筑亭廊围合而成，形成一处较为开敞的游览空间。场地铺装采用水波纹形式，继承了古代铺地设计中讲究韵律美的传统，以瓦片卵石的组合铺地仿造水波纹的效果，既提升了道路铺装的透水性，又以白色卵石拼花为展园增添优美的景观细节。周边湖石围合的树池内种植松、造型桩等植被，写一池三山之意。

邀月堂门前设一游赏月台。在古时建筑上，正房、正殿突出连着前阶的平台叫"月台"，月台是该建筑物的基础，也是它的组成部分。由于此类平台宽敞而通透，一般前无遮拦，故是看月亮的好地方，也就成了赏月之台。

廊道尽头是一座重檐六角亭，该亭名为"簪花阁"。簪花阁上的楹联是"春风放胆来梳柳，夜雨瞒人去润花"。扬州人既爱树又爱花，曾被赞誉"深红浅树见扬州"。

"淮左名都，竹西佳处"，扬州欢迎四方宾客的到来！

草原盛会　琴声飞扬
——呼和浩特园解说词

呼和浩特是内蒙古自治区首府，国家历史文化名城。此次参展的"蒙园"占地面积1900平方米，以蒙古草原盛会"那达慕"为设计主题，在园区核心位置，运用马头琴钢构架结合五线乐谱盘旋环绕的雕塑，来渲染、升华欢乐和谐的场景，展现草原民族的热情和独特的民族文化。

"那达慕"盛会历史悠久，是草原人民喜庆丰收的传统节日，有惊险刺激的赛马、摔跤、射箭、棋艺比赛，有引人入胜的歌舞，2006年被列入国家非物质文化遗产名录。展园通过那达慕大会来渲染升华"和谐"的主题，展现草原民族的豪爽与热情，弘扬少数民族独特的民族文化。

园区内最具代表性的景观是马头琴造型的雕塑。它由马头琴构架结合五线谱盘绕组合而成，其中的五线谱造型由飞扬的飘带转化而成，环绕着马头琴，时而低垂落地，时而飞扬高悬，成为拱门廊架，并将园区服务功能与景观功能巧妙地结合起来。

马头琴是蒙古族民间拉弦乐器，蒙古语称"绰尔"，琴身木制，长约一米，有两根弦，有梯形的琴身和雕刻成马头形状的琴柄。马头琴的制作工艺也伴随着演奏需求而不断推陈出新，艺术造型更加完美，音量和音域得到显著提高和扩大，已成为出色的独奏乐器。马头琴作为草原蒙古族传统乐器，乐音圆润，低回婉转。

园区内的另一大亮点是以"男儿三艺"作为原型的雕塑，男儿三艺也称好汉三赛，即摔跤、赛马和射箭比赛，借助这种娱乐的形式达到强身健体和增强战斗力的目的，每次那达慕大会上产生的冠军，会立即名扬草原，备受关注。

摔跤比赛是那达慕大会最引人注目的项目。摔跤，蒙古语称为"搏克"，是蒙古族的传统体育活动，早在13世纪时已经盛行于北方草原，既是体育活动，也是一种娱乐活动。蒙古式摔跤具有独特的民族风格，比赛时，摔跤手身穿铜钉牛皮坎肩，脚蹬蒙古花皮靴，腰扎花皮带。出场时，双方摔跤手挥舞双臂，然后互相搏斗，竞争激烈。

蒙古族素有"马上民族"的美称，赛马是蒙古族传统体育娱乐活动之一，比赛时，数十匹马站在起跑线上，骑手们身着蒙古袍，足蹬高筒蒙古靴，头扎彩巾，腰束彩带，生气勃勃，英姿飒爽。发令枪一响，如同离弦之箭，赛场顿时沸腾起来。

射箭是蒙古族传统的"男儿三艺"的又一项目，也是那达慕大会最早的活动内容之一。蒙古族射箭比赛分立射、骑射、远射三种，有25步、50步、100步之分。比赛不分男女老少，凡参加者都自备马匹和弓箭。比赛时，射手在颠簸的马背上拿弓、抽箭、搭箭、发箭，场面非常壮观。

园内主路是以蒙古族哈达为原型，哈达是蒙古族、藏族人民作为礼仪用的丝织品，是社交活动中的必备品。园区道路注入了草原母亲河——额尔古纳河的元素，采用花岗岩水纹铜线镶嵌的铺装形式，将园区主景贯穿起来，同时在林荫处放置具有蒙古族元素的小品座椅，于细节处展现民族特色，传播民族文化。

马头琴声婉转悠扬，那达慕盛会热闹非凡。欢迎全国各地的朋友们参观蒙园！

伟人故里　瓦屋溢香
——广安园解说词

广安市是位于四川省东北部的地级市,世纪伟人邓小平的故乡,先后获得中国优秀旅游城市、国家园林城市等殊荣。

广安园占地面积约 1600 平方米,以"重温伟人生平　缅怀革命领袖"为主题,布局上突出"一主轴,两支轴",主轴为微型故居,支轴分别为微型缅怀馆和微型陈列馆,三者形成半开半合的三合院,意在了解伟人生平,弘扬伟人精神,体验古城风貌,传承历史文化。

广安园入口大门是仿造功德坊所建,中门上方横额上正书"广安园"三个大字。功德坊即德政坊,是嘉庆年间朝廷为表彰邓小平先祖邓时敏的功德所赐造。牌坊四柱三间,三重檐,中脊有镂空雕饰,两端有鸱吻与坊盖翘首对应。中门两对抱鼓石上分别刻有"双狮滚带"等多种浅浮雕图案。两侧门较之中门略低、略窄,门上镶嵌石板,石板上透雕各种花卉图案,上书"恭谦""正直""咏仁""讼理"等文字。

步入大门,展园主轴上的建筑便是邓小平故居。故居为木结构建筑,坐东朝西,是典型的川东建筑风格。邓小平故居四周绿树成荫,水塘依傍。这里瓦屋溢香、朴素纯净,有着润物细无声的温馨与灵秀,其质朴无华让人心旷神怡,流连忘返。故居堂屋门前是一方池塘,这池塘形似砚台,故得名洗砚池,是邓小平幼时洗砚处。洗砚池以中国地图作为题材,寓意邓小平同志心怀天下。

故居左侧的小径通向陈列馆,一路上叠石、小品、绿植加以点缀,更是营造出静谧、恬静、舒适的氛围。陈列馆的三个斜坡屋面造型尤其引人注目,象征着邓小平三起三落的革命历程,中间高耸的建筑为"丰碑",

代表着邓小平的丰功伟绩以及邓小平理论的伟大旗帜。

陈列馆对面是缅怀馆,以"回家"为设计理念,展示邓小平同志生前的工作和生活场景,意在突出邓小平作为人民的儿子的朴实与淳厚。

故居的右后方有一神道碑,与次入口相对。神道碑也是朝廷为表彰邓时敏所赐,额上雕龙极富动感,龙头戏珠,珠中阳刻一"圣"字,碑立在赑屃上。赑屃龙头龟身,传说是龙王的儿子,力大无穷。

走近伟人,感悟伟人,既是对伟人精神的弘扬,更是对自我精神世界的提升!

湘商之都　序列城"总"
——湘潭园解说词

湘潭,简称潭,别称莲城,是湖湘文化的重要发祥地、中国红色文化的摇篮,有"小南京""金湘潭"的美誉。

湘潭山连衡岳,水接潇湘,钟灵毓秀,历史悠久,文化底蕴深厚,毛泽东、彭德怀、曾国藩等名字在中国近代史上熠熠生辉。明清时期,湘潭商业空前繁荣,被称为"湘商之都"。此外,湘潭独特的"总"文化更是让人津津乐道,沿湘江西岸形成的城"总"文化成为由古至今湘潭城区空间环境结构的一大特色。

在湘潭全城依序数分"总"称呼,是带状市肆的一大特点。湘潭素有"千年十八总,传世金湘潭"的美誉。所谓"十八总",是指湘潭古时候的老城区。古时候,湘潭城位于湘江河西,主体部分就是沿着湘江河边的一条老街,这条老街每过一到两里有一个集市,称为"总"(总:当地人对码头货物仓储、贸易地块的俗称),湘潭从湘江村一级渠一直到窑湾街道的石子脑依次分为"一总"到"十八总"。在古代，官府机构、文教院所、士大夫宅第居城，工商业户居"总"。各"总"之间设有门楼，上标各"总"之名，从"八总"到"十八总"，赫然醒目。各"总"设"值年"或"首司"，为公共事务管理负责人员。各"总"首尾，设栅为卫，入夜关栅，天明则启。街道用青石板铺路，两边店肆鳞次栉比，这是一个繁华安宁的小社会。尽管各"总"之间的"栅卫"早已消亡，但"总"的称谓流传至今，这是抹不去的乡土情怀，是昔日辉煌历史的最好记忆。

湘潭园占地面积约为2100平方米，以"一轴一环一中心"为景观结构，采用中国传统造园手法，通过不同的游览线路和驻足观赏节点，突出湘潭特有的城"总"文化，充分展示"湘商之都"的历史印记与乡土文化内涵。

湘潭园主入口的"莲影疏印"是马头墙半围合空间，上部为木构架，构架方格内嵌方篆体"莲"字造型。湘潭盛产湘莲，因而亦称"莲城"，莲字造型与莲城相呼应。大型石材荷花透雕和湘潭本地能工巧匠精心制作的荷花水泥透雕镶嵌墙中，游人路过，字影斑驳倒映其中。"湘潭园"三个烫金大字选自毛泽东同志亲笔手书。

走下台阶，左前方的"马头迎宾"招牌，以本土独具一格之马头墙饰抽象重构而成，颇具英姿的马头墙恭立于此翘首迎宾。三组城"总"组雕环绕主园路，利用整青石块浮雕石刻，以米市、药都、槟榔加工场景为主题，展示湘潭有代表性的商业活动。

湘潭易俗河米市，曾是清前期湘米市场之最，粮仓栉比，米袋塞途，为百谷总集之区。光绪年间，这里有粮栈20余家，粮仓298间，可储米15万石，年销往沪、汉、穗等大中城市200多万石，为湘中、湘南谷米最大集散地。

湘潭药材经营史可以追溯到大唐盛世。得益于得天独厚的地理位置，位居"地理中枢"的湘潭扮演了承东接西、疏南通北的历史使命，各种药材通过各层中介转手，源源不断地运至湘潭，其运输网络广大，仿如蛛网般缜密有序。由此，"天下药都"勃兴，一时有"药不到湘潭不齐，药不到湘潭不灵"之说，药业成为湘潭的重要经济支柱。

湘潭是槟榔的第二故乡，槟榔加工食用已有近四百年历史，槟榔也成为湘潭人社交待客之物。"槟榔越嚼越有劲，这口出来那口进。交朋结友打园台，避瘟开胃解油性。"这首流传在湘潭街头巷尾的民谣，生动地反映了槟榔与湘潭人和湘潭食文化的不解之缘。

展园中心水系名为"锦湾"。锦湾是"窑湾"的别称，千里湘江一路滔滔，在湘潭境内画出一道巨大的 U 形弧线，其长度为湘江诸湾之最，是实至名归的"千里湘江第一湾"。唐宋年间，南北货物云集于窑湾，出现了"财货饶溢"的繁荣景象。明清时期，湘潭经济飞速发展，富甲三湘。湘潭城区又依其港口之利、驿道之便，伴水列肆，序列城"总"，延绵十余里，俨然成为江南经济巨镇、湖南商贸中心。

右行至岸花亭，入口悬挂元代大书法家赵孟頫手书对联一副："岸花飞送客，樯燕语留人。"对联来自唐代大诗人杜甫所写的五言律诗——《发潭州》。诗圣人生的最后阶段与湘潭结下不解之缘，发出了"乱离难自救，终是老湘潭"的声音。

岸花亭旁的石制牌坊为湘潭园的北入口，牌坊正面刻有"观湘门"，赋宋诗曰"已栽绿柳如彭泽，况有黄金似栎阳"，描述湘潭当初繁华盛况；背面刻有"窑湾居"，赋诗曰"游遍九衢灯火夜，归来月挂海棠前"，这是唐代初期著名政治家、书法家褚遂良所作的《湘潭偶题》诗作，描绘出一幅春色美丽、市井繁荣的湘潭画卷。

拾级而上，来到园区主体建筑——"宽裕行"。该建筑以湘潭本地传统民居和窑湾建筑为蓝本，坡屋顶以及遍访湘潭民间老艺人手工制作出的小青瓦屋面极具湘潭韵味。宽裕行室内的"窑湾印象"展览，从艺术家和普通老百姓不同的视角，以不同的方式去表达湘潭人民对老城区、对"总"的情感。水体与宽裕行木建筑、码头、背米的真人大小石雕、木船成为一体,是"总"的微缩版,再现当初贸易场景,让人浮想联翩。站在码头远眺,青石浮雕背面镌刻着"江山胜迹"四个大字,其真迹至今仍保留在窑湾巨石之上。如今湘潭湘江河西老城区昔日众多码头已经建设成为滨江风光带和历史文化街区,"总"成为湘潭人民抹不去的乡土情怀,是昔日历史的最好记忆。

快看,湘潭园"马头迎宾"招牌正在等待着贵宾的到来,让我们一起走进湘潭园,共同感受湘都的魅力吧!

夹山境地　茶禅一味
——常德园解说词

常德古称"武陵",别名"柳城",位于湖南省洞庭湖西畔、武陵山下,史称"川黔咽喉,云贵门户",是一座拥有两千年历史的文化名城,也是江南著名的"鱼米之乡"。

常德"一味园"占地面积约2800平方米,设计灵感来源于常德石门县夹山寺茶禅文化。"一味园"的设计以"茶禅一味"为特色主题,通过"山环水抱"的空间形式,来创造"曲径通幽处,禅房花木深"的传统园林意境,打造具有常德特色的茶禅庭院。园区在空间布局上分为5个区域,分别是:夹山问禅、竹幽寻禅、茶语听禅、茶禅一味、花径禅悦。

"夹山问禅"为主入口区域,直接点题,让大家了解常德夹山茶禅文化的起源和特点。其实在以炎帝神农为始祖的湘湖茶文化宝库中,夹山茶禅文化是一颗璀璨的明珠,正如施兆鹏、刘仲华在其所主编的《湖南十大名茶》一书中所指出的那样:"茶禅一味,它起源于中国,发源于湖南夹山。茶禅一味的学术价值在于证实茶与禅的结缘,既发展了茶文化也发展了佛文化……其次，茶禅一味也是茶文化的一个重要分支。"其中圜悟克勤禅师对夹山茶禅文化的发展起着重要的推动作用。宋徽宗政和年间，圜悟克勤在荆州弘扬佛法，受澧州刺史之邀，入住夹山灵泉禅院。他潜心研习禅与茶的关系，以禅宗的观念和思辨来品味茶的奥妙，终有所悟，挥笔写下了"茶禅一味"四个字，门人记录其言汇编成《碧岩录》十卷。禅林对此书评价甚高，誉之为"禅门第一书"。后圜悟克勤奉诏迁金陵、镇江等地，于东南沿海名刹传碧岩宗法，授碧岩茶道，帝赐法号，声名大振，使石门夹山的茶风禅光熏沐吴、越、闽大地，并远及朝鲜、日本等国，大大促进了茶禅文化的发展。

走进常德园，右手边有一排竹林，寓意"竹幽寻禅"。种植的是湖南当地的桂竹，桂竹亦称斑竹、五月竹、麦黄竹、小麦竹。走在曲径通幽的竹林间，能够使人逐步沉静下来，放下杂念。

在竹林尽头有一方茶园，营造出"茶语听禅"的主题空间，又展示了夹山茶禅的茶园特色。

中国是茶的国度。自五六千年前，炎帝神农氏尝草识药发现茶以来，中国人便与茶结下了不解之缘。"茶乃南方之嘉木"。石门夹山位于江南腹心地域，良好的自然生态环境极适宜茶的生长。夹山特产牛抵茶，远在两宋时期即被列为贡品，流芳史册，为夹山茶禅文化的产生提供了物质基础。由于茶与禅相似相近，故一遇而互依互存，融为一体。文人墨客，寺院僧侣，品茶参禅，沿袭成风。让我们在这一方茶园中，观茶悟禅吧。

跨过碧岩桥，我们就来到园区主体建筑——三昧房。三昧房以常德当地土家族建筑风格为原型，并结合常德夹山寺圜悟克勤法师的悟道经历建造而成。三昧是佛教的修行方法之一，意为排除一切杂念，使心神平静。取名"三昧房"寓意大家可以在这里品茶、悟禅，内心得到平静。三昧房前是碧岩湖，房后有碧岩泉，营造出一个"茶禅一味"的山水感悟空间，让人们在此喝一杯欢喜茶，悟到"放下、自在"，然后欣然而去。据说碧岩泉为天下茶禅第一泉，其味甘甜清美，是煮茶的优质泉水，饮用此水可忘忧解愁，故又名必爱泉，有"猿抱子归青嶂岭，鸟衔花落碧岩泉"的名句传世。

走出三味房，偶遇"吃茶去"景石。它讲述了一个唐朝时禅门的故事。其实，参禅和吃茶一样，所谓"如人饮水，冷暖自知"，别人说出的，终究不是自己的体悟。赵州禅师不论面对什么问题，都回答一句"吃茶去"，看似荒诞无稽，实则是明了诸行无常、诸法无我。

继续向前，路上花团锦簇，游过一味园，你是否卸下了心头沉重的包袱，在一杯清茶中有所领悟呢？来吧，我们"吃茶去"……

浏河小调　曲园湘情
——长沙园解说词

长沙，楚文化和湖湘文化的发祥地之一，中国历史上唯一经历三千年历史城址不变的城市，拥有深厚的楚汉文化底蕴以及湖湘文化的辉煌历史，是中国历史文化的重要组成部分。

长沙园占地面积约 4000 平方米，又名"曲园"，一取浏阳河九曲十八弯的形态，二寓意湘地经典传世民歌《浏阳河》。曲园以"一首名曲，一条名河，一份情愁"为设计脉络，串联梧凤堂、浏城桥、潆洄亭、东沙古井等极具长沙味的景观序列，采用自然山水式的写意造园手法，运用"借物言情"的表现手法，通过地形的塑造和植物的围合，营造出独特的空间深度感及自然静逸的整体环境氛围。

长沙园的大门命名为"掩春门"，寓意是将喧嚣和铅华挡在门外，把春色和静逸关于园中，正如宋朝徐照在《酬翁常之》中所写："半掩柴门一径深，山中免见俗尘侵。"

踏入曲园，一条河流穿园而过，蜿蜒逶迤的水系是以浏阳河为蓝本再现的原生态自然山水片段。浏阳河又名浏渭河，原名浏水。因县邑居其北，"山之南、水之北，谓之阳"，故称浏阳。浏阳河十曲九弯，清波荡漾，因其逶迤秀美而闻名于世。

同名歌曲《浏阳河》是一首中国经典民歌，由徐叔华作词，朱立奇、唐璧光作曲，创作于1951年。这首歌自问世以来，广为流传，分别有多位歌唱家，如蒋大为、李谷一、宋祖英等，以不同方式及风格进行演绎。《浏阳河》这一曲脍炙人口的经典民歌多年来一直为人所传唱，熟悉的旋律穿透几代人的岁月。走进曲园会让人情不自禁轻轻哼唱《浏阳河》："浏阳河，弯过了九道弯，五十里水路到湘江，江边有个湘潭县哪，出了个毛主席，领导人民得解放……"

沿着主游路往前走，就到了广济桥，桥名取自长沙本土耳熟能详的一座桥，饱含了浓厚的长沙味。石桥取材于湘地，形态仿自乡间常见的麻石桥。

继续往前走，空间豁然开朗，前方的这栋建筑就是展园的主体建筑"梧凤堂"。"梧凤堂"源于长沙潭阳洲九芝堂创始人劳氏家族兴建的"梧凤园"，取意凤栖梧桐之祥瑞。梧凤堂设计样式为湖南民居宅院，仿古灰瓦，雕花窗格，纹饰石墙，栗色的墙体，厚重端庄，阶前三五果树，竹林绕屋代墙，门旁老槐翠若盖篷、古朴凝练。整个建筑设计，平易近人，湘情浓郁，蕴含"浏河澄澈梦悠长，广种青梧引凤凰"的殷切期盼。

"梧凤堂"的左前方伫立着一块菊花石。菊花石是浏阳市永和镇附近碧波潭中特有的产物，它色泽呈灰色或灰黑色，上面显现着一朵朵天然生成的菊花状白色花纹，其花纹洁白晶莹，奇趣天成，又被称为"会唱歌的石头"，亦可称"取日月之精华，吸天地之灵气"。据地质学家考察，浏阳菊花石其"花"孕育于几百万年以前，因地质运动而自然形成于岩石中，是一种以燧石结构为核心的碳酸钙集合体。其花萼部分是坚硬的硅质燧石，花瓣部分是碳酸钙沿石灰岩裂缝充填而成的放射晶体状集合体。

接着往前,走过名为"浏城桥"的拱桥后,沿着山坡拾级而上,绕过两旁盛开的紫薇,来到全园的最高处——漾洄亭。"青山有幸,亭影不孤",此亭取意于华夏名亭——长沙爱晚亭之魂。亭名漾洄,与九曲呼应。亭形为重檐八柱,琉璃碧瓦,亭角飞翘,自远处观之似凌空欲飞状。亭中小憩,俯瞰全园,可悟"曲园·浏河小调"之深意。正如楹联所言:"访古以游,觉峰峦之高远;漂流而下,感天地之苍茫。"

出亭小路,随坡下山,可以看到寓意"长沙沙水水无沙"的东沙古井。粉墙黛瓦,井水清澈见底。井墙上的线雕,描绘了古井与人们昔日的生活场景,湘情乡愁跃然画里。东沙古井位于浏阳河河畔,其历史可追溯到五代至北宋时期,井水至纯至净,可谓历史悠久、绵延千年。井上有联曰:"如斯鉴底,有水无沙为净;到此涤心,一清二白是廉。"

让我们推开掩春门,一起领略别样的曲园湘情吧!

晋商故里　家国晋中
—— 晋中园解说词

晋中是山西省的一个地级市,晋商故里。明清时期,以晋中商人为代表的晋商,缔造了"汇通天下"的伟业,创造了"海内最富"的奇迹。晋中市目前留有160余处文化遗址,平遥古城、乔家大院、王家大院、常家大院等晋商系列宅院都在晋中。

晋中园占地面积约1500平方米,以展现"晋商文化"为主题,通过"大漠驼帮出入口""甬道""明德园与同根园"三个建筑群落,营造一处集浓郁的晋中特色、完善的游赏功能、强烈的乡愁认同感于一体的特色展园。

"大漠驼帮出入口"景观，院墙高低错落，并以沙漠造型铺地，其间矗立一组驼帮雕塑，取材于历史上以骆驼运输为主从事商业贸易活动的"晋中商帮"。大漠雄浑，残阳如血，越发衬托出晋商驼帮奔走千里、汇通天下的雄姿风采。

晋中园的门楼依外墙而建，是一座带斗拱四柱单檐歇山顶式建筑。门扇之上彩绘有传统晋式纹样，门两侧各置一尊石狮子，形态逼真，装饰考究。门楼之上，"晋中人家"四字砖雕园名，古朴而厚重，并辅之以二维码扫描解说系统，将古典气息与现代科技完美结合于一处，更丰富了出入口空间的景观趣味。

由门楼进入甬道空间，首先映入眼帘的是砖雕文字花墙——"芝兰生于深林，不以无人而不芳；君子修其明德，不为有欲而改节"，反映出晋商明礼诚信、兼济天下的精神。狭窄的甬道空间符合晋商大院的空间特质，甬道尽头，有精湛的砖雕纹样。

"明德园"是展园内独具特色的院落空间。它通过轴线上的垂花门、牌楼、戏台及轴线两侧对称分布的建筑，构建出晋商大院狭长的中轴对称式二进院落立体布局。明德园的垂花门为独立柱担梁式建筑，以晋中灵石王家大院"天葩焕彩"垂花门为原型。牌楼为两柱一间一楼不出头式，牌匾上书"中和"二字。园内戏台为一座带斗拱单檐歇山顶式建筑，其构造方式、建造手法，均沿袭明清时期山西地区的建筑风格，气势恢宏，雕梁画栋，装饰华丽。

明德园封闭内敛的院落空间完美诠释了晋中人家特有的风水信仰。其中，单坡屋顶顺承雨水，同时绿地与水榭承接自然降雨，暗含"肥水不流外人田"之意；"汇通天下"的地面砖雕对话票号历史的昌盛与辉煌；时空隧道在镜面与激光雕刻、水帘的无限反射中再现了船帮乘风破浪、东渡扶桑的艰辛创业史。

与明德园不同，同根园则以小陶然亭、黄石假山、"福禄寿"砖雕花墙为建筑主体。园内遍植国槐、龙爪槐、紫丁香等晋中的特色植物，从而营造出一处葱郁、幽静的园林环境。同根园展现了晋中私家园林中轴线布局特征，并呈现出蓄水与掇山置石相结合、自然种植与对称式种植相辅相成的园林营造特点。

晋中园中的建筑令人难忘，晋商那种胸怀天下、光明磊落的情怀更让人回味无穷。

千年文脉　心画相映
——荆门园解说词

荆门位于湖北省中部，素有"荆楚门户"之称。"楚塞三湘接，荆门九派通"，历来为兵家必争之地。

荆门园位于园博园主入口西侧，占地面积约为1500平方米，它以"千年文脉汇二泉　心画相映寄一园"为主题，以古代龙泉书院中的荆园为原型，结合中国古典园林手法，遵循"师法自然、天人合一"的设计理念，将建筑、园林、文化融为一体，营造出具有古典园林韵味的围合空间。

清乾隆时州牧舒成龙所建的龙泉书院，为鄂中最早的三大书院之一，是名师授经传道和学子科举备考之所。书院有堂三间、厦四间，荆园为龙泉书院的第二建筑群。

整个园区围绕"一堂一屋、一池一院、二泉二轩"，以石门、洗心堂、方塘书屋为景观主轴，以洗心堂、会心轩、寄畅轩为副轴线展开设计。园区采用清式民间四合院建筑形式，建筑色彩多以黑、白、灰为主，表现古拙质朴气氛，建筑材料多选用青砖、灰瓦、卵石等。

荆门园主入口设置了入口广场及山门，山门采用传统建筑风格，成为游客视线焦点，对园内景观进行遮挡，起到障景作用。从景门可以直接看到中央的洗心堂，又起到了一种框景对景的效果。

走进荆门园，中央方塘映入眼帘，中央方塘之中筑石方台，建洗心堂，四周环水，池中叠石，散置莲缸，让游人近距离体会"云影天光、心画相映"的空明禅意园林空间。

洗心堂左右两侧对称是寄畅轩和会心轩，寓意在荆门园中获得会心寄畅之感。跨过小桥便来到方塘书屋。方塘书屋是一组传统建筑，用来做展厅，展示荆门文化以及民俗风情，让游客在观景的同时充分了解荆门的自然风光和人文历史特色。在方塘书屋左侧的长廊墙壁上雕刻着四幅反映舒成龙造福荆门人民的壁画。舒成龙是荆门历代知州中政绩卓著的一个，他在荆门主持州事12年(1743—1755)，修州志、建学校、立三仓、创二闸、四起堤工，为解除百姓疾苦，成年累月"俗吏劳劳，日无宁暑"。

为了丰富景观层次，会意古典园林的神韵，荆门园在设计中做了高差处理，在方塘书屋右侧堆砌山石流水，其上置听泉亭，游人拾级假山之上，登听泉亭可赏碧玉叠翠，听泉水轻吟。此外，荆门园在水系中设置泉与水的不同形式，体现出荆门象山脚下独特的泉水文化特色。在青石板路上，泉水从石板缝隙流过，清泉潺潺，采用了自然式造园手法，诠释"清泉石上流"的意境。在植物造景上充分利用叠石堆坡地形，选择乡土树种如苍松翠竹、丹桂红枫、桐柏桃柳、莲荷茭蒲等，营造出清新古朴、雅韵别致的读书藏书氛围。

从远处看荆门园，建筑、园林和谐统一，层次丰富，形成了和谐悦目的山水画卷。

让我们一起走进荆园，去追寻"问渠那得清如许，为有源头活水来"的读书顿悟吧！

C区展园

渤海名城　魅力鸢都
——潍坊园解说词

潍坊，古称潍县，又名鸢都，是中国风筝文化的发祥地，又被称为"世界风筝都"。潍坊素有"南苏州，北潍县"的美誉，郑板桥主政潍县时曾写下"云外清歌花外笛，潍州原是小苏州"这样的诗句来赞美潍坊。

潍坊园占地面积约1700平方米，整体设计以潍坊最具代表性的符号、风筝会会徽标志——蝴蝶为线索，将园区分为印象潍坊、鸢标留影、民俗风情、蝶舞芳影、迎宾广场五个功能区。入口处设计有鸢都潍坊LOGO标识，标识以花灌木为背景，前边栽植时令花卉，色彩鲜艳美丽，寓意潍坊是一个热情好客的城市。

从潍坊园左侧广场进入，富有现代感的椭圆形广场映入眼帘，广场中心雕花不锈钢花坛栽植丛生乔木，作为此区域的中心景观，在广场南侧设计有融合剪纸艺术手法的潍坊代表性建筑的城市剪影景墙，构图形式犹如一张名片，意为"印象潍坊"。

拾级而上，"鸢标留影"的主体建筑以潍坊市中心"世界风筝都纪念广场"的地标建筑为原型进行设计，由三面白色栅格组成菱形立体钢结构雕塑，网架结构简洁明快，加之顶部组合成三个国际风筝联合会会徽，顶端镂空的蝴蝶伴随着光影的变化，活灵活现。

风筝起源于我国春秋战国时期，距今已有两千多年的历史，多有求福、长寿、吉祥、喜庆之意。2006年，风筝制作技艺经国务院批准已列入第一批国家级非物质文化遗产名录。

民俗风情广场位于展园南侧，以潍坊民俗文化为题材，设计文化景墙、城市剪影、特色民俗雕塑等景观，集中再现了潍坊的市井民俗生活，它们都体现了富有特色的潍坊文化。潍坊杨家埠与天津杨柳青、苏州桃花坞被并称为中国三大木版年画之乡。白浪河就是潍坊人民的母亲河，古人曾用"百帆荡漾波浪翻，一河清乳润两岸"来赞美它。

与"民俗风情"功能区相对称的就是"蝶舞芳影"功能区了，这两大功能区相互呼应，仿佛组成蝴蝶的两个美丽的尾翼。"蝶舞芳影"功能区就是以两侧艺术水纹玻璃为背景制成水幕，实现"有水无水皆是景观"的效果。广场中心设计有生态水池，水池中心设计有翩翩起舞的蝴蝶雕塑，意为"蝶舞芳影"。水池的水与展园中心下沉水景相连，又体现了海绵城市的建设理念。

"纸花如雪满天飞，娇女秋千打四围。五色罗裙风摆动，好将蝴蝶斗春归。"风筝是潍坊的眼，潍坊通过风筝让世界了解潍坊，更通过风筝走向世界！欢迎大家参观潍坊园，也欢迎大家到鸢都潍坊做客！

山海之间　渔耕桃源
——威海园解说词

威海，古为文登县，别名威海卫，特殊的地理位置与海洋性气候造就了威海在全国乃至亚洲地区独一无二的环境优势，是广大民众公认的养生福地。

威海园占地 1600 多平方米，通过对威海特色"海文化"和"渔文化"的深入发掘，围绕"山海之间，渔耕桃源"的设计主题，向世人展示了一幅宁静和谐、美轮美奂的滨海卫城画卷。

威海园以一组极具威海特色的海草民居为主体，形成半围合的民居院落空间，园区分为入口引导区、海产展示区、地域文化区、海草房展示区四部分，表现出古朴厚拙的胶东渔村风貌。

进入威海园，"北纬 37.5°，东经 122.1°"的地标映入眼帘，意在暗示游客即将跨越 1000 公里的路程，进入威海园这座极具特色的渔家风情屋，一同领略海滨城市的魅力。

威海的特色民居——海草房展示区位于园区最北侧，是园区的主体景观。穿过园区内的毛石景墙，由乌桕、海棠、向日葵组成的景观组团以及富有淳朴气息的景观磨盘，就来到了海草房展示区。灰褐色的海草苫成 50 度角的人字坡形屋顶，厚重而高耸的海草房屋脊高度为普通砖瓦房的两倍，配以黄泥塑就的马鞍式屋脊，在蓝天、碧海、绿树的映衬下愈加显得古朴而稳重。

胶东沿海传统的海草房，被誉为"建筑活化石"。由于威海特殊的地形、气候特点，海草房外墙多以大块的天然石头砌成，石材不追求整齐方正，而是随圆就方。有些人家还在石块表面雕琢出木叶或元宝纹饰，营造一种粗犷而不粗糙的风格。用于建房的"海草"生长在大海中，含有大量的卤和胶质，用它苫成厚厚的房顶，除了有防虫蛀、防霉烂、不易燃烧的特点外，还具有冬暖夏凉、居住舒适、百年不毁等优点，深得当地居民的喜爱。

另外，园区内地域文化区还布置了沙滩、渔船、海带晾晒架、海草粮屯、渔网、农具等极具威海渔村生活气息的景观小品，让游人能够在展园的方寸之间深入体验威海的渔村文化和民俗风情。

园区东北侧的海产展示区主要呈现的是海带的晾晒过程。三排海带晾晒架置于沙滩之上，沧桑破旧的渔船置于东侧，再配以洁白的砖石，塑造了渔家百姓的日常工作场景。中国是世界上最大的海带生产国，而威海市是中国海带第一市和中国海带之乡。庞大的海带产业链的一个重要环节就是"晒海带"，而海带主要依靠人工晾晒，繁重的劳作形成独特的"晒海带"产业现象。这些大大小小、粗细不一的深绿色海带，以及在空气中弥漫的海洋味道，形成了一道亮丽的风景线。

"天蓝蓝，海蓝蓝，我家住在大海边。海边小城威海卫，她的故事说不完……"千里海岸线，一幅山水画！欢迎大家参观充满渔家风情的威海园！

黄河湿地　壮美东营
——东营园解说词

东营位于山东省东北部、黄河入海口的三角洲地带，是因中国第二大石油工业基地——胜利油田建设而兴起的城市。

东营园占地面积约为1500平方米。园区以"大河之洲，壮美胜利"为设计主题，取黄河三角洲自然湿地的片段为核心，形成以油田、黄河入海自然风貌为主要展示内容的闭合式的游览空间。通过三春河畔、观轩堂等景点，突出体现具有东营特色的自然湿地与石油之间的联系。

东营园的入口大门由提油机解构后的构件组成。入口大门高约5.6米，气势恢宏。

进入大门，首先看到的就是"工业之源"跌水景墙，这是展现石油文化与湿地景观的重要载体。采用油田管道作为跌水景墙的主要元素，通过管道、瀑布、置石的组景处理形成入口点睛景观，体现了地域特色，又引导游人行踪。地面铺装采用钢化玻璃、深灰色条状料石等材料，延展了跌水景观的空间效果。

沿着园区铺就的石子路前行,就能看到"三春河畔"景观。该空间通过缩龙成寸的处理方式,小的水系为河、置石为山,柽柳盆景就是河畔的柳树。孤植、片植皆成景观,如初春的三春河畔,婆娑多姿。

连接"三春河畔"景观与观轩堂的,就是以白蜡与黑松为主的名为"秋色"的石子路了。白蜡作为东营市园林绿化的骨干树种,现在有多个品种的种植,大树已经有一人环抱粗。该区域主要为大家展示白蜡的个体美、群体美以及多品种之美。

"构园无格,借景有因。"东营园充分利用借景的园林创作手法,借齐桓公筑柏寝台的典故,取登高望远之意。东营园为北高南低的一处内向庭院,场地最大高差在4.5米左右,其中,观轩堂是东营园的制高点。在观轩堂中,可远眺到轩辕阁。这种设计方式形成了各种各样的水形态:跌水瀑布、静水、湖面等,同时与外部空间相对分割,形成独立的院落空间。退台式设计也为从园中欣赏南侧轩辕阁提供了良好的位置,南北呼应,与整个园区融为一体。

东营园的中心景观,是仿照粗犷而又不乏细腻的黄河而建。"黄河畔"结合各种柳树和东营当地的适生水生植物,大气且有韵味。同时结合亲水平台、铜制动物雕塑等,形成有黄河入海口韵味的景观。

"和声和鸣和烟雨,同宗同祖同血脉。"中原大地与黄河之滨,同饮黄河母亲水。东营作为一个年轻的城市,以创新、包容的姿态迎接每一位到访的客人。

徽派清雅　陋室风骨

——马鞍山园解说词

马鞍山，简称马，中国安徽省地级市，位于安徽东部，苏皖交会地区，自古就有"金陵屏障、建康锁钥"之称。

马鞍山园占地约1550平方米，以唐代和州刺史刘禹锡所居之陋室为设计主题，通过陋室、龙池、人物雕塑和室内展示，重现"山不在高，有仙则名；水不在深，有龙则灵"的意境。主体建筑"陋室"为徽派古典建筑风格，建筑形式古典、简朴，切合当前清正廉洁的时代主题。徽派古建筑以其巧妙的构思设计、精湛的建筑工艺、科学的环保意识，融美观、实用于一体，在世界建筑艺术与建筑文化史上独树一帜。徽派建筑艺术风格自然古朴，隐僻典雅。它不矫饰，不做作，自自然然，顺乎形势，与大自然保持和谐，以大自然为依皈；它笃守古制，信守传统，推崇儒教，兼蓄道、释，坚持宗族法规，崇奉风水，追求朴素纯真。

徽州建筑材料颜色清淡素雅，清一色的白墙、灰砖、黑瓦。古代匠师为何会采用这种黑、白、灰色彩搭配呢？其实这种中性色彩的构成，往往体现了更多层次的审美内容。黑、白、灰经过建筑师的巧妙安排和运用，犹如音乐以高音、低音、中音谱成乐章一样组成画面的黑、白、灰结构。同时，在对比的关系中显出各自的特色，表现各自的作用，互相衬托，构成和谐的节奏，给建筑外观带来韵律之美。而大面积白色的墙体受到周围环境和光线的作用，特别是几百年后的今天，经过岁月长期的冲刷洗涤，斑斑驳驳的墙面上呈现出一种冷暖相交的复色，既不失原来的明朗与单纯，又因此而积淀了一种历史的厚重感与古朴美。

园中一尊刘禹锡的雕塑赫然伫立。刘禹锡博学多才，是唐代的大诗人、哲学家，还精通医术。他的诗词豪迈旷远，人称刘禹锡为"诗豪"。刘禹锡21岁考取进士，历任监察御史、太子宾客、检校礼部尚书等职。他为人正直，气骨高遒，因参与王叔文的"永贞革新"，被一贬再贬，逐出洛阳长达20余年之久，最后革职为安徽和州刺史。

按当时地方官府的规定，他本应住衙门三间三厦的官邸。可是，和州的知县是个势利之徒，他见刘禹锡贬官而来，便百般刁难。半年之间，让他连搬三次家，住房一次比一次狭小，一次比一次简陋，全家老小根本无法安身。逆境使诗人的灵魂更加高洁，促成他写成了《陋室铭》，并请人碑刻后竖于门外。此精妙短文构思巧妙，寓意深刻又发人深思，充分显示出作者的博大胸怀、高尚情操及安贫乐道的生活态度。

园中的碑亭镌刻着刘禹锡的《陋室铭》："山不在高，有仙则名。水不在深，有龙则灵。斯是陋室，惟吾德馨。苔痕上阶绿，草色入帘青。谈笑有鸿儒，往来无白丁。可以调素琴，阅金经。无丝竹之乱耳，无案牍之劳形。南阳诸葛庐，西蜀子云亭。孔子云：何陋之有？"全文仅81个字，却字字珠玑，闻名遐迩，传诵至今，令一切有识之士怦然心动。

园中的卧龙池贯穿全园，为维持其自然山水之貌，结合海绵城市的设计理念，优先考虑把有限的雨水留下来，更多利用自然力量排水，建设自然存积、自然渗透、自然净化的海绵城市；同时利用高差设计跌水，清澈的池水由跌水涌出，蜿蜒而下，碧水青山共同谱写清水叮咚的优美乐章。

在当今这个反腐倡廉的时代，让我们一起踏入陋室，去追寻古代先贤的脚步吧！

传承华夏文明　引领绿色发展
——第十一届中国（郑州）国际园林博览会解说词

D区展园

千年古城　山水盛京
——沈阳园解说词

沈阳，简称沈，被称为"一朝发祥地，两代帝王都"，是国家历史文化名城，现今还留存有清沈阳故宫、昭陵、福陵三处世界文化遗产等极具观赏价值的古迹。

沈阳展园占地面积1700平方米，以"千年城建发展史，幸福宜居沈阳城"为设计理念，运用北方新中式的造园手法，将展园分为清风古韵、茹古涵今、泰交景运、盛京流年四大景观分区，展示沈阳城市的历史变迁，梳理盛京古城的发展脉络。

古韵广场中设置"沈阳园建园志"石碑，碑上镌刻"豫园博盛会，聚商都空港。筑山水文园，展盛京美城"，这是对本届园博会沈阳园的主题概括。入口的青石地面刻有"文德""武功"二词，一入园便被气势磅礴的降龙吐水所震撼，内外两个一模一样的圆形木雕采用了大政殿内穹顶正中的降龙藻井图案，龙头朝下，龙尾向上，此姿态被称为"降龙"。龙口喷吐水柱，基座的纹饰为繁体的"盛京"二字，木雕金漆，四周装饰有梵文天花彩画，靠里侧刻有"万福万寿万禄万喜"八个篆书汉字图案，富贵祥和而又神圣庄严。

一段刻有方形回纹图样的青石路展示了沈阳城市建设的发展脉络。回纹是由横竖短线折绕组成的方形或圆形的回环状花纹，因形如"回"字而得名，被民间称为富贵不断头的纹样。四个新中式景墙上分别展示了土城沈州、沈阳中卫、龙兴盛京、陪都盛京时期沈阳城的规划形式及建筑特色等。

拾级而上，映入眼帘的是泰交景运亭，亭的正前方悬挂着大政殿内乾隆御笔的牌匾——"泰交景运"，取太平盛世、国运绵长之意。据说"泰交景运"匾制于北京，乾隆二十二年运至盛京（即沈阳），语出《易经·泰卦》："天地交，泰。"意为天地之气融合贯通，生养万物。牌匾前一副对联分列于两边的柱子上，上联"古今并入含茹　万象沧溟探大本"，下联"礼乐仰承基绪　三江天汉导洪澜"。后墙悬挂着木制的红底黄字八旗牌匾，其名称则与各自的旗帜颜色有关。正厅地面借助现代科技，运用虚拟现实技术 VR 展示沈阳城的魅力景色。

出亭小路的右侧是小型瀑布，高处的巨石上镌刻有"沈水"二字，清澈的水从高处跌落，流入池中，与植物相伴相生。直行向前，流畅的弯曲廊架中，上下两层钢板上有一个个长方形空洞，整体看来就好像一张张电影胶片，以此寓意盛京城古往今来的岁月，为盛京流年。两层钢板中间是三个主题雕塑，从清盛京历史名城，到新中国成立后的盛世恢宏，到新时代的幸福宜居，阐述了沈阳城的发展变迁和沈阳人民对幸福生活的展望。

沈阳园以自然山水为格局，选用能代表华夏文明的中国红、长城灰、原木色、古铜色等色彩来营造崇高、喜庆、祥和、宁静、内敛的"新中式"景观空间，在有限的空间内将山、水、景观建筑和植物等要素，通过虚实结合、步移景异、小中见大等设计手法组织起来，向游人展示了沈阳浓厚的文化历史底蕴，也寄托着沈城人民共同缔造幸福城市的美好愿望。

蜀山淝水　和合之地
——合肥园解说词

合肥古称庐州、庐阳，地处长江下游、巢湖之滨，是国家历史文化名城，有"江南唇齿，淮右襟喉""江南之首，中原之喉"之称，历来是江淮地区行政军事首府。合肥境内的大蜀山和淝水风光清幽，从自然实体讲，"蜀山淝水"就是合肥的"形象代表"，老百姓世代择水而居，淘米洗菜，饮水灌溉，是难得的和合之地。

合肥园占地约1600平方米，以"合"字为文化核心，通过对"合"字的抽象与演绎，将徽州"四水归堂"、合肥的四大名点和庐剧等文化元素进行提炼，用现代的手法诠释城市历史和百姓生活记忆，展现合肥"拓纳巢湖、大湖名城、创新高地"的恢宏之梦。

整个合肥园分为四个景区，即入口景区、中心景区、后山景区和出口景区，各景区整体融合、各具特色。其中，入口景区处左边是徽州风韵的"合"字门亭，古朴典雅；右边一个石牌坊，牌坊两面镌刻有"大湖名城、创新高地"八个大字，展示合肥城市品牌形象。

在合肥园的中心景区，最醒目的建筑就是位于展园正中央的"四水归堂"，它以天井为主要特点，辅以千姿百态的花窗漏格、砖镂、木雕装饰，形成了质朴典雅、风格独特的皖南徽派建筑风格。古往今来，凡智者必择居山通水绕、藏风纳气之地。白墙黛瓦的四水归堂作为中国代表性古典建筑风格之一，在世界建筑史上写下了浓墨重彩的一笔。由四合房围成的小院子通称天井，仅作采光和排水用，因为屋顶内侧坡的雨水从四面流入天井，所以这种住宅布局俗称"四水归堂"。在中国传统哲学理论中，天井和"财禄"相关。经商之道，讲究以聚财为本，造就天井，使天降的雨露与财气聚拢。

天井下的水池，本来是为承接四面屋檐滴下的雨水，但在生意人看来，聚水如同聚财，因而不能让这水流出去，正所谓"四水归明堂，肥水不外流"。

走进合肥园的四水归堂，中央池水透过天井倒映出蓝天白云的倩影，与池底的"和""合"二字呼应，呈现出一派祥和与宁静。池底凹陷的部分，呈现出合肥巢湖的形状。合肥的巢湖，曾称南巢湖、居巢湖，俗称焦湖。巢湖南可截天堑长江，北控"淮右襟喉"合肥，左与大别山形成掎角之势，右威胁古都南京，历来"天下有事是必争之地"。

合肥的典型文化代表是四大名点和庐剧。合肥生产的麻饼、烘糕、寸金、白切统称为合肥四大名点，历史悠久，风味独特，是合肥的传统特产，历来被人们用作待客和馈赠的礼品。

庐剧是诞生于江淮之间的地方剧种。庐剧的题材不是着眼于生活中的喜与庆，而是着眼于生活中的悲与苦。庐剧诞生于"门歌"。"门歌"即站在人家大门口唱的歌，目的是乞讨。所以门歌又被人叫为"叫花子歌"。小锣小鼓，少者一人，多者二人，先是唱当地山歌、民歌，如主人迟迟不给钱，便接着唱，编着故事唱。为了感动人，编的故事必然悲苦；为了感动人，唱的歌必然带上哭腔。所以悲苦的故事加哭腔（"寒腔"）便成了庐剧的构成基因。在后来的发展过程中，尽管庐剧吸收了其他戏种的唱法与表演形式，但这一基调始终未变。 2006 年，庐剧被第一批列入国家级非物质文化遗产名录。

合肥园的后山景区，是一处真实微缩山水盆景园，假山叠水处顶端设置了廉泉亭，出口处栽植一棵庭荫树，并设置了相当于后花园入口的马头墙月亮圆门，人游其中，宛如游历于画中，观赏一幕幕合肥老百姓的生活情景。

让我们走进"和合之地"的合肥园，共同领略大湖名城的独特魅力吧！

冰雪之都　寻根之路
——哈尔滨园解说词

哈尔滨素有"天鹅项下的珍珠"之美誉，又因其冬季漫长寒冷，被称为"冰城"，是中国著名的国际冰雪文化名城和历史文化名城。

哈尔滨展园占地面积约1600平方米，以"踏雪·寻根"为主题，采用现代设计手法，以冰雪文化为载体，以北国植物风光为背景，以雪的自然形态和扩展形式为元素，以螺旋上升的曲线为构图，以入口俄式长廊为点睛亮点，集中展现哈尔滨独具特色的冰雪文化和别具风韵的俄罗斯风情。

展园入口处景观以斯大林公园餐厅外廊为原型。该餐厅建于伪满时期，为仿造俄罗斯古典木结构建筑，长廊以马蹄石为基础，外观呈积木形状，屋脊高低错落、棱角分明、五彩缤纷，充满浓郁的异国情调。

入园后，脚下的深灰色面包石，寓意哈尔滨肥沃的黑土地，沿路盘旋而上，有对哈尔滨这座城市的寻根溯源之意。深灰色路网与白桦林形成明暗交替空间，形成模拟自然的北方森林景观。到达坡顶后视野豁然开朗，一片冰雪景观映入眼帘，跃入高空的滑雪者雕塑、滑雪板围栏和"浪花里飞出欢乐的歌"天鹅主题雪雕，集中展现了哈尔滨人以雪为载体热爱运动、享受生活的精神状态。

一些游客在园外主路就被园内的滑雪者造型吸引进入展园。绵延曲折的雪道上，一个身着滑雪服、脚踩滑雪板、手持雪杖的滑雪者正俯身向前滑行。该雕塑造型源于（哈尔滨）亚布力滑雪胜地，这里曾于1996年成功举行了第三届亚冬会的全部雪上项目，这里还是中国企业家论坛年会的永久会址，被誉为"中国的达沃斯"。园内主题雪雕取自哈尔滨国际冰雪节的雪雕作品，它是设计师根据《浪花里飞出欢乐的歌》创作而成，获得了

1998年哈尔滨国际冰雪节雪雕比赛的金奖。

出园时，一条滑梯通道直接出园；另一条盘旋道则迂回而下，沿路的垂直文化景墙来源于驰名中外的黑龙江雪乡自然风貌景色，带您领略北国风光，探寻林海雪原的神秘色彩……

智慧、勤劳、勇敢的哈尔滨人化严寒为艺术、赋冰雪以生命，将千里冰封、万里雪飘的北国冬天与独特的欧陆风情相融合，带您品味俄罗斯风情、领略冰雪之都的魅力。

流金岁月　化影成蝶
——长春园解说词

长春有"北国春城"之称，被誉为新中国电影事业的摇篮。长春园占地面积1700平方米，以"流金岁月，化影成蝶"为设计主题。展园以电影为设计元素，分"星光大道""琉璃世界""光影摇篮"和"水幕年华"四个主题景观，将与长影有关的光影、梦想、摇篮、新生、传承等构想转化成设计语言，水为布景，光为笔，地为画卷，影为诗，向世人诉说着它的辉煌与蜕变。

"新中国电影摇篮"的主题标识位于长春园入口区的东侧，入口区的星光大道如同铺展开的红毯，指引游人走向主景区。拾级而上，地面以印刻的方式记录了长影为新中国电影史开创的七个"第一"：新中国第一部纪录片《民主东北》、第一部木偶片《皇帝梦》、第一部科教片《预防鼠疫》、第一部动画片《瓮中捉鳖》、第一部短故事片《留下他打老蒋》、第一部长故事片《桥》和第一部译制片《普通一兵》。行走其间就如同走在中国电影发展的河流里，一路见证着新中国电影事业的诞生与成长。星光大道

传承华夏文明　引领绿色发展
——第十一届中国（郑州）国际园林博览会解说词

的尽头放置一个魔术师敬礼的铜人雕塑，以表达长春园对新中国电影事业奠基者的深深敬意。

入口处有一巨大的玻璃构筑物，此为玻璃世界。方形的镜子就好像一组组镜头，堆叠成万花筒，收录长影的昔日辉煌，一幅幅电影画面在我们眼前铺展开来，沉浸其中品味人间百态。

电影就是一场光影的魔法，而长春一路都承载着这份光影的梦想。两个茧形的镂空构筑物象征着打造光影的"摇篮"，上面关于长影的文字记载形成了斑驳的图案，在阳光中投下影子，就好像触碰了光影的魔法，开启了历史的记忆……《董存瑞》《党的女儿》《刘三姐》《辛亥革命》《过年》等作品带我们聆听历史的回声，斑斓的影像述说着那数不清的迷人故事。

园区依据现状地势而设计的跌水景观，配合水生植物，使人们在"摇篮"中也能欣赏到精致的景色。在园区的中心处，放置了一组以复古怀旧为主题的电影情景雕塑，再现电影拍摄时的活动场景，游客参与其中，可以体验到电影世界的别样乐趣。

流畅的线条高高挑起，飞扬的水帘形如蝴蝶重生的翅膀，飘逸而壮观。水帘就好似水幕，以水为背景，向来自五湖四海的客人展示鲜活有趣的长春电影，在增强与游客互动性的同时，也预示着长春电影在未来将如蛹破茧成蝶一般振翅高飞、蓬勃发展。水帘前，以电影胶卷为造型的大汀步上，摆放着早期摄影道具的雕塑。

长影，是一种情怀。长影，并不只是一种情怀。流金岁月，致敬昔日辉煌；化影成蝶，舞动崭新华章。在这方寸之内，用动与静的特色水景缔造一个活力空间，用光与影的巧妙组合打造一座妙趣横生的长春园，来唤起人们对长春电影最初的记忆。

E区展园

孔子故里　儒学圣地
——曲阜园解说词

曲阜，古为鲁国都城，今为孔子故里，是国务院首批公布的历史文化名城之一。1994年，曲阜三孔（孔庙、孔府、孔林）被列入联合国《世界遗产名录》。

曲阜园占地1500平方米。本园为展现儒家思想的北方当代园林，设计以儒家思想为主线，北方园林为载体。展园设有八个景观——《论语》颂、泮水情、七字石、泮桥、中和壑、观川亭和诗礼轩等，体现儒学"天人合一"的以物比德思想。

在展园入口，由垂花门起篇，首先映入眼帘的就是《论语》墙。景墙上雕刻有《论语》名句及孔子故事浮雕。绕过景墙入内院，以泮水为中心，沿水环列建筑，构成一种向心内聚的格局。

曲阜园的水景仿照"泮池"而建。相传，泮池是孔子少年时读书的地方，后来人们为了纪念孔子，常在书院或学堂建立泮池，以表"思乐泮水，薄采其芹"之意。泮池之上竖立着七块条石，排列极具韵律，在顶部及南北面均刻有代表儒家思想的文字——仁、义、礼、智、信、忠、孝，简明扼要地概括了儒家思想的待人接物内涵所在。同时，又加以莲花、太湖石点缀，将儒家严谨治学之风与北方古典园林的精髓巧妙结合，相映成趣。

传承华夏文明　引领绿色发展
——第十一届中国（郑州）国际园林博览会解说词

位于园区东侧泮水之上的水景桥，仿照曲阜孔庙泮桥而建，上设山石跌水，使整个空间富有灵性。泮桥交通作用很小，是封建礼制的一种形式体现。旧时，学子入学称为"入泮"，跨过泮桥，象征着登仕的第一步，于是，泮桥承载了学子心中一生的期望。

立于泮桥之上，可观赏主建筑北侧山峪的美景。曲阜园中的山峪仿照尼山孔庙的后门中和壑而建。这里的石头呈柑黄色，并有褐黑石松叶纹，花纹边部较密，向内渐稀，中部则无，用这种石头制作的砚台坚细温润，不渗水，不渍墨，发墨有光，实为制砚的上品，是历代文人墨客求之难得的文房宝物。因此，尼山砚自唐宋以来一直享有盛名。

穿过景廊，拾级而上，有一亲水平台，取名"观鲤庭"。该典故出自《论语·季氏》。孔鲤"趋而过庭"，其父孔子教训他要学诗、学礼。后以"过庭"作为子受父训的典故。亲水平台上设置有孔子的雕像，供人参拜。

最能展现儒家思想和曲阜历史的当属曲阜园的主建筑——诗礼轩。这间单檐歇山式建筑，是古代帝王赴曲阜祭孔、讲经和演习礼乐的专用场所。历史上，孔子文庙的地位很高，通过屋脊上的吻兽我们可以窥得一二：古代封建制度讲求"九五至尊"，因此吻兽多为奇数，其吻兽数目因建筑的等级而相应增减。在州县的建筑中，吻兽数目一般都在五个以下，只有供奉孔子的文庙中主要建筑是五个吻兽，这展现了儒家的崇高地位。

展园西侧的建筑源自孔庙观川亭，与栈道和景廊组合，是连接入口区和诗礼轩的通道。其名出自《论语·子罕》："子在川上曰：逝者如斯夫，不舍昼夜。"矗立于高台之上，12根粗细相间的圆红柱体撑顶，斗拱饰彩绘，风格华美秀雅。

司马迁赞曰："自天子王侯，中国言六艺者，折中于夫子,可谓至圣矣！"孔子的境界，也许就是那种臻于至善而不急功近利的旷世独立，也许就是那种登上泰山之巅而小天下的高瞻远瞩，也许就是那种有教无类、广纳齐贤的有容乃大！

曲阜正因为古朴而显其永恒，孔子也正因为执着而彰显其崇高！

瓯水尚园　榕亭印象
——温州园解说词

　　温州，简称"瓯"，有2000余年的建城历史。温州园面积约1800平方米，它围绕瓯越山水人文特色，以"印象""乡愁"为题材，展现当地特色水乡文化，呼应园博园"传承华夏文明"之理念。

　　园区空间上以卵石水景为脉，串联"庭""院""径"等不同尺度的空间。以"江心屿""榕亭""楠溪江民居"为主要节点构成，来反映温州特有的水文化印记、人文地标和人文情怀，给游人以直观印象。

　　园区门口，瓯水汇聚于一池，隐喻瓯越文化发展至当今商行天下的局面。园区主入口大胆运用白色钢板代替真实榕树，与传统木质亭廊组合反映乡愁"榕亭"记忆。榕林剪影跨水成拱，为主要造景元素，林前设亭，形成"岸上树、树旁亭"的别致景观。榕亭是温州特有的建筑，是对榕树与路亭组合的称呼，是温州乡愁代表之一。以"实亭虚林"的对比造景手法表现，"亭"以温州临水亭形式建造，榕林以温州世界级非遗"细纹刻纸"技法加白色钢板，形成十分时尚的前景，让游客眼前一亮，从而对温州水乡风貌有个初步印象。

　　园区以楠溪江水卵石垒砌，瓯水贯穿园区内外，展现温州水乡文化景观，呼应园博园的主题。楠溪江水卵石垒砌的传统元素与现代园林相互融合，在展现出南园北建的独特风格的同时，不仅能激起异乡游子的思乡之情，更能让游客在了解温州山水人文之美的同时感受到温州文化创新发展的一面。

园区正北就是江心屿剪影照壁——"印象江心"。江心屿位于温州市区北面瓯江中游，属于中国四大名屿，风景秀丽，东西双塔凌空，映衬江心寺，历来被称为"瓯江蓬莱"。江心屿是温州的人文地标、瓯越文化经典遗存，也是瓯江的标志，江心双塔是世界古灯塔百强之一。"印象江心"创名时集合温州各书法名家书写的一百个"瓯"字，采用温州世界级非遗"木活字印刷"技术，以活字墙形式形成浮雕，各方块字凹凸不平，墙体挖空形成"江心映月"。左侧刻江心寺对联：云朝朝朝朝朝朝朝朝散，潮长长长长长长长长消。

园区西面为楠舍，是楠溪江民居的缩影，并适当变形设计，以现代的手法，反映地方特色。几何理性景观以现代带点欧式风貌特色，反映温州人创新的一面。内庭配以小的水庭空间，具有温州传统乡土园林身影，"乡愁"之感浓厚，回味无穷。

三坊七巷　福舟远航

——福州园解说词

福州是我国首批14个对外开放的沿海港口城市之一、海上丝绸之路门户，曾获"中国优秀旅游城市""国家园林城市""国家历史文化名城""全国宜居城市"等称号。

福州园区占地面积1600平方米。它以"福舟"为主题，巧妙结合了"福州"谐音，在传承古典园林建筑舫的基础上，借鉴我国四大古船之一的福船造型，并用现代施工工艺予以创新演绎。我国四大古船包括沙船、广船、福船与鸟船，福船作为其中之一，是福建沿海尖底船的统称，也叫"大福船"。福船是郑和七下西洋时所用船只的船型，而福州更是郑和六下西洋的启航之地。明朝名将戚继光平定倭寇之患时，水师的主力舰船就是福船，因此福州得到"近代海军摇篮"的美誉。

福州园的建筑设计很有特点，由三片弧形景墙组成的船身和船帆，围合成两个开放的和私密的内外部空间，在水面的映衬下，似一艘正在行驶的"有福之舟"。其中三片弧形景墙对应福州的"三山"即屏山、乌石山、于山。

福舟分为两层，一层为曲径深幽的庭院，院内马头墙、天井等建筑元素，能让人体验到福州明清古民居三坊七巷的精髓。沿福道可以进入到二层甲板，通过舷窗可远眺园外景致，可谓如身临海境，似天外飞仙。

马头墙又称风火墙、防火墙、封火墙，是汉族传统民居建筑的重要特色，特指高于两山墙屋面的墙垣，也就是山墙的墙顶部分，因形状酷似马头，故称"马头墙"。福州马头墙有别于徽派马头墙的几何形式，更加强调一种飘逸之感，犹如海浪的符号。

天井是汉族对宅院中房与房之间或房与围墙之间所围成的露天空地的称谓。四面有房屋、三面有房屋另一面有围墙或两面有房屋另两面有围墙时中间的空地，因面积较小，光线为高屋围堵显得较暗，状如深井，故名。

"三坊七巷"是福州明清古民居的典型代表。"三坊"即衣锦坊、文儒坊、光禄坊，"七巷"即杨桥巷、郎官巷、塔巷、黄巷、安民巷、宫巷、吉庇巷。"三坊七巷"历史文化街区到明清时期特别是清代中叶发展到了鼎盛，被誉为"明清古建筑博物馆""中国城市里坊制度的活化石"。

"百福图"位于福舟一层东南角，呼应"福"字，乃汉族民间传统吉祥字样。它是由一百多种不同的福字样印制成的，是以篆体为基础的字字异形图案，也是汉族民间流传已久的图案。"百福图"字体造型稳重、均齐、端庄，极有意趣和韵味，为广大汉族劳动人民所喜爱。

园区以南方典型树种香樟树为点缀，植物元素与动态水景的应用为整个园区增添了无限美感，传统与现代的结合更是福州人不断追求卓越的创新体现。

"人在画船犹未睡，满船明月一溪潮。"载福之舟可乘风破浪，入福之园可青云直上。这里是福州园，一个幸福之园，欢迎您到福州园感受幸福！

洪州瓷韵　绿丝花廊
——南昌园解说词

南昌简称"洪"，又称洪城、英雄城，是江西省省会，自古就有"粤户闽庭，吴头楚尾""襟三江而带五湖"之称。

南昌展园占地约1700平方米，以"秋日的枫叶"为平面创意，以发源于东汉晚期的洪州窑陶瓷文化为主题，在主游览线路上分别塑造净水花园、旱境花溪、绿丝花廊、鸟瞰花园和瓷韵花墙五个趣味主题景观，让游人在闲庭漫步中欣赏引人入胜的美景画卷，感受最不起眼的碎石废料在现代园林景观中的巧妙运用，品鉴洪州窑千年陶瓷文化的源远流长，感悟古代文明与现代园艺在同一景观空间中的碰撞与对话。

洪州窑是唐代六大青瓷名窑之一。洪州窑青瓷器美观实用，造型规整端巧，胎质细腻坚致，器型繁多，釉层均匀透明，玻璃质感强，纹饰简朴生动，装饰技法多样，为同时期其他青釉瓷窑所不及，是我国南方重要的青瓷基地。

展园主入口以阡陌瓷矿石景墙拉开整个展园景观的帷幕，它将地藏原生的大块瓷矿石用钢构架铁网固定，并通过镜面与门洞的结合使其虚实相映，相得益彰。原生瓷石的景墙上，镶嵌枫叶状LOGO和南昌园简介的二维码，游客可直接扫描二维码获得更加详尽的城市信息。

经过主入口，迎面感受到负氧离子的气息，向游客传递着赣鄱大地物华天宝、人杰地灵的生态宜居环境信息。沿水面汀步而行，右侧为稍低的钢构铁网景墙，网内是经岁月洗礼的鹅蛋大小的瓷石碎片，通风的石墙和石缝中水汽盈盈而起。

穿过红石小桥前行，便来到视野开阔的临水平台，平台上布置有陶瓷制作过程中拉坯、印坯、修坯的模具，以及晒坯的木架台板，游人可以在此亲身体验手工拉坯的全部过程，或拍照留念，或品鉴洪州窑的陶瓷文化，尽情展现南昌园"互动互联"的新型景观设计理念。

从平台沿踏步上行，游人即置身于高出挑台近八尺的绿丝花廊中。绿丝花廊建于沉积岩所形成的岩层平台上，长廊空间宽窄虚实变化有致，并于较宽处设有制瓷工艺中的刻花、施釉场景沙盘，让游人进一步深入了解洪州窑的陶瓷文化。在花廊空间最大处沿背景山林模拟洪州窑窑床，内散置青绿釉及黄褐釉碎瓷片，展现消失在历史深处的洪州窑文化，引发游人的感慨。

花廊靠水面一侧有枫叶 LOGO 的透明玻璃，通过变换的光影投射到地面上，令人浮想联翩，或坐或立于此，鸟瞰全园一览无遗。在花廊的收尾处，色彩鲜艳的瓷韵花墙彩绘以艳丽的壁画形式将洪州窑制作陶瓷的全部九个过程完整呈现给游人。

枫叶摇摇，绿丝飘飘，让我们走进南昌园，去探索洪州窑尘封千年的陶瓷奥秘吧！

晋祠风韵　锦绣龙城
——太原园解说词

太原的园林历史悠久，碧玉清流的晋祠园林、富贵典雅的晋阳古城宫廷园林、寺庙宫观的古典园林、文人雅士的私家园林，都是不同时期城市文明的遗产。其中，晋祠为晋国宗祠，是中国现存最早的皇家园林，以雄伟的建筑群、高超的塑像艺术闻名于世，具有汉文化特色。

太原园占地1900余平方米，以驰名中外的太原晋祠园林为设计元素，以小湖为核心，巧妙利用地形，形成自然环路，通过景观建筑、假山、水系、叠石、花草树木、小桥等园林要素，营造具有太原特色的传统园林景观。

展园入口在展园东侧，采用太原地区较为典型的两柱悬山顶牌楼门，门两侧设"八"字影壁，主次分明，相互映衬。牌楼采用青石雕刻门墩石及角狮，影壁心嵌以砖雕春夏秋冬四品，檐部设砖雕斗拱。

进门是以"盆景"为中心形成障景的入口空间，并对游览路线进行分流导向；绕过"盆景"，视野豁然开朗，临水面山，水面构成连接全园景观的中心，可以驻足小憩，感受全园景色。

沿入口空间向北有一敞轩名为"致远轩"。它临水而建，足下青莲盛开，坐北朝南，高6米。此轩采用单檐歇山顶屋盖，抬梁式结构体系，彻上露明造法，底部施美人靠坐凳。

穿过致远轩，西侧叠石堆山高4.5米，拾级而上，依山而建高8.9米重檐圆亭一座，名曰"环翠"，为全园制高点；四周苍松巍巍，营造出幽深宁谧的山林意境，调动游客登高远望的意趣。该亭采用太原地方鎏金斗拱挑斡做法，不设承重梁，用斗拱后尾悬挑承托上檐屋面。

入口向南，缓行数步，至"枕流桥"，桥身微微拱起，桥下溪水潺潺。过桥忽现一座四出抱厦的方形四角攒尖顶亭——"流杯亭"。流杯亭是我国园林中所特有的一种娱乐性建筑，也是一种特殊形式的凉亭。民间早有农历三月初三"曲水流觞"的风俗，王公贵族、文人墨客将这种闲适的情怀与玲珑别致的亭式建筑结合起来，建一座轻巧秀丽的亭子，世人称之为"流杯亭"。展园内的流杯亭高10.9米，采用孔雀绿琉璃瓦剪边，五色琉璃脊饰；精美的木构、古朴的质感，引人入胜。流杯亭内地面设"曲水流觞"，顶部设藻井，藻井中心设木雕二龙戏珠；上部藻井与地面曲水流觞相互呼应，相辅相成；以石雕龙头喷水为源头形成的小溪环绕亭外，流向林间，进而过枕流桥，汇入园中心水面。

"锦绣太原，晋阳故地，并州新府。表里山河，山右首区。际山枕水，华夏名都。"欢迎全国各地的朋友参观太原园，感受三晋文化！

传承华夏文明　引领绿色发展
——第十一届中国（郑州）国际园林博览会解说词

F区展园

在海一方　金螺吟唱
——连云港园解说词

连云港市自古有"东海明郡"之称，是中国首批14个沿海开放城市之一，新亚欧大陆桥的东方桥头堡。

以"在海一方"为主题的连云港展园占地1500平方米。展园整体平面形似一个海螺剖面展开的"黄金螺旋"，白墙红顶灯塔坐落于螺旋平面的中心，运用贝壳、海螺、卵石、盆景等元素，通过不同的感官"一闻、二触、三探、四赏、五望、六听、七想"营造出别具风格的梦幻七景。五彩缤纷、造型各异的海螺点缀了整个园区，营造一种身临海境的奇幻之旅。

展园入口处有一座描绘着连云港城市版图的船舵雕塑，造型优美，寓意作为新亚欧大陆桥东方桥头堡的连云港市，朝着时代发展的航向不断前进。新亚欧大陆桥被誉为"新丝绸之路"，1994年7月，国家第一次把连云港市列为新亚欧大陆桥东方桥头堡。

园区中心矗立一座白墙红顶灯塔，十分醒目。灯塔寓意着方向，担负着保障海上航行安全的神圣使命。1936年，国民政府在连云港筹建了东连岛羊窝头和车牛山岛两座灯塔。东连岛羊窝头灯塔为钢筋混凝土结构，从高潮面到灯光中心高度为121米，灯光射程为12海里，花瓣似的底楼簇拥着主塔，塔身呈白色，有纵纹红线条作装饰，红色塔顶与蓝天、白云、碧海、青山对比鲜明，醒目耀眼。车牛山灯塔原为高 8.2 米的白色钢质圆塔，附设有雾号装置，遇下雾或阴暗天气，每隔 2 分钟鸣炮一次，以示灯塔存在。

园区灯塔原型为东连岛羊窝头灯塔，登上园区灯塔可一览园区全景，更有"一览众山小"之豁然心境。请多留意脚下的路，也许你不曾在海边流连，也不曾与海有缘，但来到这里，你一定会深深爱上这座海港城市——连云港！

园区西侧为海浪特色景墙，由白沙、海螺贝壳墙与攀援垂吊植被组成，行走在透水沙砾步道上，抚摸悬挂着的植株风铃，呼吸满园飘逸的醉人芳香，感受连云港"在天一方，在海一方"的城市魅力。

"在天一方，在海一方，在这片海天相接的地方，在天一方，在海一方，这就是我们的连云港。……美丽的海湾，可爱的家乡……古调悠悠，新歌洋洋。在这片天地祥和的地方，这就是我们的连云港。"一首流行歌曲尽显连云港的非凡魅力。

"东海明郡，大美港城"——连云港，正以开放的胸襟欢迎您的到来！

两江山水　诗酒之城
——泸州园解说词

泸州位于四川省东南部，是长江上游重要的港口城市，著名的"中国酒城"，拥有泸州老窖和郎酒等品牌，先后获得"国家历史文化名城""中国优秀旅游城市"等称号。

泸州园占地面积 1500 平方米，通过塑造"闻香识酒城"的意境，打造地方山水景观，传承特色饮酒文化。泸州园平面布局着重展现了泸州的酒文化和江河文化，通过叠山、理水、植物、地形处理和酒文化小品的结合，展示泸州高低起伏的浅丘地形特色、优美的山水园林景观、悠久的山地农耕文化以及地方诗酒文化。

泸州园入口处别致的镂空景墙上赫然印着"泸州园"三字，麒麟温酒器印章标识向游客讲述了泸州酒城自汉代开始温酒的悠久历史，展现着泸州酒文化与艺术的完美结合，景墙上的一个大酒瓶和"风过泸州带酒香"这句颇有浪漫气息的诗句，更是将酒城泸州刻画得栩栩如生。中间的异形窗洞和左右两边的酒瓶门洞恰如其分地框出了园内美景，墙角利用酒坛作生态隔离墙，呼应主题，镂空景墙后放置酒坛，若隐若现，酒香四溢，风过即知。

步入园内，右侧映入眼帘的便是五彩梯田，展示着可作酿酒原料的五谷杂粮元素。经园路绕过梯田，最引人注目的便是成组的酒肆和酒窖，连接酒肆和酒窖的墙上刻有"酿园"二字，建筑造型取材于泸州合江福宝古镇民居建筑。福宝古镇民居群至今完好保留了明清时期四川城镇民居的建筑特征，也体现出这一时期四川民居与乡镇民居的一系列典型建筑特点。

穿过"酿园"，临酒肆一侧的壁龛里立着"中国白酒三圣"雕塑，他们穿越时空，向世人讲述着泸州酒的辉煌历史。左边是发明曲药酿酒的元代泸州人郭怀玉，中间是被誉为浓香型白酒始祖的明代泸州人舒承宗，右边是泸州人温筱泉，他是酿造泸州老窖、将中国白酒推向世界的第一人。

从酒肆穿到后院，便可看到龙泉井，正所谓"美酒必有佳泉"。园内成组的酿酒工艺、洞藏、到酒肆小酌豪饮的宾客及酒肆后院的泸州老窖龙泉井，全方位地展示了泸州酒文化。

泸州多山多水，长江、沱江环绕分隔，桥梁纵横。园子中部寓意两江交汇的卵石旱河穿流而过。园中的小桥，取材于有中国"龙桥之乡"美誉的泸县"龙脑桥"，采用泸州本土青石材质和工艺制作安装。

行走在园路上、木栈道间，品味艺术化的酒坛、雕塑，你既是诗人也是风景，这诗酒之意便应运而生了。中国酒城，醉美泸州，欢迎您的光临！

十里红妆　甬上情缘
——宁波园解说词

宁波简称"甬"，是国家历史文化名城、"海上丝绸之路"东方始发港，曾获"国家园林城市""中国优秀旅游城市"等多个荣誉称号。

宁波园占地 1600 平方米，以"十里红妆、甬上情缘"为主题，体现甬城婚俗文化，别具一格地将江南特有的婚俗文化融入园林的创作中，展现了一个充满喜气的宁波人家的真实场景。

所谓"十里红妆婚俗"，是说在秋冬季节的黄道吉日，随路可见抬嫁妆的浩浩荡荡的队伍。今天，宁波乡村地区依然村村都有出租杠箱的专业户，也有出租花轿的，红棉被、红祭盘、红板箱、红大柜、红鸡蛋、红枕头、火炉、油灯等嫁妆仍是现在必备的物品，这样的婚俗也是不可多得的遗存。

园区主入口围墙的石漏窗是宁波历史文化的鲜活缩影，其中蕴涵着宁波人民高超的石雕技艺、丰富的艺术想象力和旺盛的艺术创造力，代表着宁波人民对美好生活、美好事物的追求。

进入园区主道，左侧通往园区主建筑——宁波传统 H 型三合院。外立面素雅。大门造型高出围墙，强调入口空间，同时与马头墙呼应。其中西厢房运用声光技术，让游客充分感受甬上富庶人家的婚俗场景；东厢房为婚房，主厅摆有颇具特色的木制家具。

园区中心有一人工湖，湖内水生植物与岸上绿植相映成趣，湖边一亭可供游人休憩。沿右侧主道可见朱红家具剪影以及迎亲队伍群雕，引导游览线路，烘托整个婚嫁氛围。通过宁波砖雕、石窗等具有宁波特色的造园工艺,以及香樟等具有地域代表性的植物配置,并结合院落空间、雕塑小品,打造具有江南韵味的甬上人家。

园区山墙设置石花窗,由纯几何纹样、吉祥字符、自然纹样组成的图案,朴实大方,精致华美,通过象征、谐音等手法来表达寓意;在彩绘和砖雕方面,也有宁波的特色;石材以宁波出产的青石、梅园石为主。

石窗,又称石花窗、石漏窗,就是用石材雕刻成的"窗户",亦是我国古代雕刻艺术的一种表现形式,应用于庭院建筑。它既能透风,又具有防盗功能,更具有艺术装饰性,是一种融艺术性与实用性为一体的石雕工艺。石窗技艺独特,其制作工艺融会了浅浮雕、浮雕、深雕、圆雕、透雕等多种艺术手法,并结合石材特质形成了镂挖、起地、刻线、钻眼、打磨等一整套石雕技艺。石窗外形与窗花讲究审美与实用两种表现形式的统一。

宁波园将江南特有的婚俗文化巧妙地融入园林的创作中,使游客尽情领略江南传统婚俗文化。红妆十里浩浩荡荡,情缘系甬长长久久。十里红妆女儿梦,一宅一园宁波情。

碧海蓝天　岬湾风情
——青岛园解说词

青岛,别称"琴岛",被誉为"东方瑞士",因古代海湾岛屿上绿树成荫,终年郁郁葱葱而得名"青岛"。

青岛园占地约3000平方米,以"海洋文化　魅力海湾"为主题,通过入口、海星广场、海洋文化等景观区,展现海湾里碧海、蓝天、礁石、儿童戏水、海洋生物游弋等人与自然和谐相处的滨海美景。

青岛园设置南北两个入口,北入口设计极富动感的曲线城市造型,木质城市轮廓与白色大理石形成具有亲和力的入口标示；南入口采用海上礁石石刻形式，营造出置石与植物的组团式景观标示。

沿着南侧入口内向，就是园区内占地面积最大的"海洋文化展示区"。该部分以弧线构图展现青岛海湾形象，选取青岛海岸线沿线城市剪影和本土海洋生物为元素，点缀于蜿蜒自然的园区中，以青岛特色马牙石铺地为游览空间界面，模拟人游海底的兴奋和惊喜。

"花境展示区"位于"海星广场体验区"与"海洋文化展示区"交界处。得天独厚的海洋气候条件养育了青岛上百种花木，使得青岛一年四季花木繁盛。青岛园的植被种类很多且占地面积大，展示了青岛树木葳蕤、生机勃勃的风貌。

中山公园的樱花是青岛的亮丽风景，青岛园将樱花道的概念融入游览道，结合鱼形廊架空间，在道路两侧以组群自然式种植的方式打造樱花道景观，同时，又搭配与海洋色系相近的植物，整个景观浑然一体，宛若天成。

继续向前，就进入"海星广场体验区"了。"海星广场体验区"从海洋文化中提取设计元素，广场地面以动感的曲线形成海浪与沙滩，海星雕塑在沙滩上翩翩起舞，形成舞动的钢结构构筑物，将游客引导至园区内部。而园区内所用的其质细软、色泽如金的沙石，来自800千米以外的青岛。景观融入了时尚的海滨元素，勾勒出了青岛的符号和坐标，演绎出了迷人的海边风情。

"舞动的海星"南侧设置动感的跳跳泉和中山公园特色儿童雕塑。跳跳泉中的水从雕塑中喷涌而出，然后在空中完美地划过一道弧线，落在设计好的暗槽中，形成一个水循环，使得碧海、蓝天、礁石、沙滩与黑松林相映成趣，共同营造了青岛海湾自然景观。为呼应海洋文化元素，园区更加注重上层乔木、灌木、地被的应用，中部形成视线通透的林下空间。

"夏来青岛罩绿纱，朝听鸟语暮看霞"，青岛浓郁的海滨文化令人神往。欢迎大家参观青岛园，也欢迎大家去往美丽的海滨城市青岛做客！

百岛之市 海上明珠

——珠海园解说词

珠海是珠三角中海洋面积最大、岛屿最多、海岸线最长的城市，素有"百岛之市"之称，同时以盛产珍珠而闻名。

珠海展园占地面积1700平方米，以"海上明珠"为设计主题。整体设计以渔女、珍珠、浅滩、蚝壳等具有代表性的珠海元素，运用草地、浅水面等园林符号，并采用现代的艺术表达手法，充分体现了珠海的地域特色。

展园入口的标识性景观上题有"珠海经济特区好"七个字，这是改革开放的总设计师邓小平的亲笔题字。

入得园来，首先映入眼帘的便是姿态优雅的渔女雕塑，高3米，外表采用镂空的不锈钢片细致焊接而成。渔女手擎明珠，颈戴项珠，身捎渔网，裤脚轻挽，向人类奉献珍宝。传说龙王的七女儿化名玉珠来到凡间，与当地渔民海鹏坠入爱河，但因坏人从中作梗丢掉性命。海鹏痛失恋人，每日哀天恸地，后得九洲长老指点，海鹏最终救回玉珠。二人成亲之日，玉珠高擎着一颗举世无双的宝珠献给九洲长老。因有这样美丽的传说，再加上香炉湾原本是养珠产蚝的地方，珠海置县时，就取玉珠的"珠"和海鹏的"海"命名。这便是珠海名称的由来。

移步向前，便踏上细长蜿蜒的白色栈桥。栈桥以珍珠项链、绵延的海岸线为原型进行抽象化设计，在有限的场地中，通过竖向的变化、视线的转换、不同空间的营造和珠海典型植物群落的布局，塑造出丰富的体验路径和展览空间，为游人提供了多样的空间体验。

珍珠岛造型以珠海盛产的珍珠为原型，通过抽象变化形成独具特色的珍珠球造型，其材质为白色户外大理石板，表达出珍珠流线的形态特征以及晶莹剔透的如玉光泽。珍珠岛数量总计为6个，但根据直径、高度不同，分为三种类型，每一种类型的珍珠岛，其外部造型在保持整体风格一致的情况下均有所差异，其中4个珍珠岛在边缘设置有座椅，供游人休憩；直径6米的珍珠岛在顶部设置玻璃顶棚，可以起到遮风避雨的功效。

蚝壳墙是岭南建筑中所特有的建筑方式，它不仅外观独特，极具雕塑感，而且坚固耐用，雨天不积雨水，夏日不怕虫蛀，非常适合潮湿闷热的岭南气候。展园中的蚝壳墙体现了蚝壳砌筑的工艺，是展园对珠海建筑传统特色的再现。

正如歌曲《浪漫之城——中国珠海》唱的那样，"漫过蓝色想象……舞动这浪漫时光……相遇在快乐的地方"，珠海就是你梦想的天堂！

返璞归真　太行果韵
——石家庄园解说词

石家庄，简称石，地跨太行山地和华北平原两大地貌单元，果树栽培历史悠久，果木栽培技艺与庭院绿化、园林应用具有悠久的历史传承和特色。

石家庄展园占地约2000平方米，以"丰收的果园"为主题，通过入口区、梨园春色、栗花飘香、七夕广场、太行果韵等五个景观区，展示石家庄市著名林果产区的乡土风貌。

展园入口区采用原木做旧工艺，构建北方乡野风格的门架，门架尺度与入口广场相协调，将入口分为内外两个空间，门架上悬挂匾额"百果园"，点明展园主题。入口区自然质朴的设计风格，与全园风格协调一致。

走进园区，拾级而上，展现在眼前的便是"梨园春色"区。舒缓开阔的缓坡平原地形及蜿蜒流动的溪流，营造出平原、河流的形貌。园内展示了河北有名的赵州雪梨与深州蜜桃，并将河北戏曲文化融合进来，营造梨园风情。

园内西南区较高的地方设置戏台，戏台仿照河北省石家庄井陉县于家石头村的戏台式样，戏台背景墙上有关于河北戏曲文化的精美墙雕，雕像中的人物栩栩如生。建筑外贴面为自然面石材和青砖，体现乡野古朴的沧桑感。戏台前设观演广场，广场上种植大规格的梨树，摆放木条凳，烘托乡村劳动之余娱乐听戏的氛围，也满足游人休息与观演需求。

"正是北州梨枣熟，梦魂秋日到郊园"，诗中所指的梨就是赵州雪花梨，曾是"宫廷御梨"，被誉为"天下第一梨"，荣获"中华名果"称号。深州蜜桃有着"深州之桃，饶阳之绣，安平之绢，皆一境之独胜也"的美誉。东汉时期深州蜜桃被列为贡品，以后的历朝历代也都把深州蜜桃列为宫中果品。

走过戏台，漫步于充满浪漫色彩的七夕广场。七夕广场以木构架做棚架，攀满葡萄藤，棚下设座椅，游人可在葡萄架下休憩、观果、赏景。七夕又称"乞巧节"，起源于汉代，传说是牛郎、织女相聚的日子。在葡萄架下能看到隔河相望的牛郎织女两颗星，慢慢向银河中间游动靠近，于是天空开始下雨，浩瀚无垠，葡萄架下观测牛郎织女相会便成为七夕节的一个美丽传统。

移步七夕广场，来领略太行果韵的风采。"太行果韵"模拟太行山的风貌特点，营造山林效果，主要展示河北的磨盘柿、赞皇大枣及核桃。景观布设三个大小不一、高低错落的林下平台，平台上设石桌凳及情景雕塑。枣树下设情景雕塑"打枣"，雕塑刻画的是孩童树下打枣的情景，"七月十五红枣圈，八月十五打枣杆"，以一组铜雕，将乡间打枣收获的场景生动、有趣地展现出来，富于感染力。

宋代诗人王安石曾有佳作吟咏果树："种桃昔所传，种枣予所欲。在实为美果，论材又良木。"欢迎您到石家庄园观梨园春色、嗅栗花飘香、赏紫玉弄影、品太行果韵！

水润三亚　生态家园
——三亚园解说词

三亚，别称鹿城，因位于海南岛的最南端，又被称为"天涯海角"，有"东方夏威夷"之美誉。

三亚展园占地面积为2000平方米，依托北高南低的地形，以"水润三亚"为主题，以滨海热带雨林为背景，模拟由山到海这段旅途中雨水被沉淀吸附、曝气增氧、植物吸收等自然净化过程，打造了"一树窥雨林""观根赏鱼"和"无边水池"三大观赏景观。

展园入口设计海浪铺装，进入展园，首先映入眼帘的便是"一树窥雨林"景观。这棵大榕树，运用树干的喷雾，结合大叶片的龟背竹、芭蕉等植物营造了热带雨林的环境氛围，展现了热带雨林的"寄生附生""空中花园"及"绞杀"等现象。

大榕树盘根错节，枝繁叶茂，气根如老人胡须在风中飘拂，树干有的贴地而生，有的斜出如飞龙破雾，是罕见的奇树，以"独木成林"而闻名。它的种子萌发力很强，飞鸟的活动和风雨的影响，使它附生于母树上，摄取母树的营养，长出许多悬垂的气根，能从潮湿的空气中吸收水分；入土的支柱根，加强了大树从土壤中吸取水分和无机盐的作用。这和附生植物是相似的。而寄生植物的根扎入被寄生者，与之连成一体，水分养分从被寄生者身上直接获取。

"空中花园"是指鸟巢蕨、圣蕨、兰花等附生植物附生在热带雨林上。这些附生植物，有的长在树枝上，有的长在树干上，还有的生长在树木的气根上，垂吊在半空中，非常漂亮。"绞杀"现象是原始森林中一道奇特的景观，绞杀植物大多是榕树，绞杀植物的种子多通过鸟类的粪便或者风附着到棕榈树、铁杉树等易于生长的树干上，发芽后，其根就植入被绞杀植物的底部。

走过雨林树叶汀步，下了板根台阶（"板根"是热带雨林的一种奇特景象，树木的根系裸露在外，形成板状），可以看到小鹿雕塑，意指"鹿城"。漫步前行，可以看到左手边的"无边水池"景观。它是用玻璃池壁、钢板池壁、树干池壁打造的，采用借景手法进行水池设计，通过高差和视线控制，营造多处无边界水池的观赏点，结合海浪、白沙滩、躺椅和遮阳伞，引发游客对三亚蓝天、碧海、椰林、沙滩的无限美好遐想。

玻璃池边是"观根赏鱼"景观，以鱼、菜共生理念来打造，除了水体自净化系统外，用植物的根系表示红树林的根，同时结合观赏鱼，通过巧妙的生态设计，实现养鱼不换水而无水质忧患，种菜不施肥而正常成长的生态共生效应，水池中还设置了水中树池，这是健康的生活方式和科学的生态文明的一种表现。

展园以三亚山中的热带雨林、河流中的红树林以及大海为设计元素，展现了热带雨林的景观和雨水的自然净化过程，与"海绵城市"的建设理念相契合，体现了三亚对环境和生态保护的重视。

H区展园

黄河之都　如兰之州
——兰州园解说词

兰州，别称"金城"，甘肃省省会，新丝绸之路经济带的重要节点城市。

兰州展园占地面积约为1700平方米，以"黄河之都、如兰之州、如家之城"为设计主题，形象地展示了兰州从一个小小的黄河渡口成长为今日的西北重镇，在"一带一路"文化新背景下，发展成为宜居宜业宜游的魅力黄河之都的历程。园区景观自西向东分为"黄河古渡、流水彩陶、如兰之州""世纪太平"和"盛世金城"三个主题。

兰州自古以来就是黄河渡口，而且是全国唯一一座黄河穿城而过的省会城市。展园西侧入口设计模拟黄河浮桥的形式，运用素木和石材两种铺装元素，搭配了自然式花草地被的种植。

可以看到参与式的彩陶摆件。在兰州彩陶文化中，以马家窑彩陶最为出名，具有绚丽而又典雅的艺术风格。陶器大多以泥条盘筑法成型，陶质呈橙黄色，器表打磨得非常细腻。马家窑文化的彩陶，早期以纯黑彩绘花纹为主，中期使用纯黑彩和黑、红二彩相间绘制花纹，晚期多以黑、红二彩并用绘制花纹。

进入园区，彩陶摆件旁边设置了水车，它是黄河文化的另一重要组成部分。据《重修皋兰县志》记载，它是由明代兰州段家滩人段续所创，至

传承华夏文明　引领绿色发展
——第十一届中国（郑州）国际园林博览会解说词

1952年，252轮水车林立于黄河两岸，蔚为壮观，成为金城一道独特的风景线。因此，兰州被誉为"水车之都"，象征着兰州与母亲河相依相伴。

继续前行可以看到流水彩陶，下面是一片锦绣花田，采用了挖湖堆山的处理手法，设计五彩花田，将地形处理成花海梯田的形式，每层花堤采用文化石片岩砌筑矮挡墙，层层高起，从至高处放置的陶罐中引出流水，伴着花海顺着踏步阶梯潺潺流下，形成自然的跌水景观和花田景观，恢宏大气。植物选择美人蕉、四季玫瑰、临洮大丽花等兰州特色花卉，旨在展现锦绣兰州、如兰之州。

穿过锦绣花田，便可以看到"鼓舞金城"的主题雕塑。兰州太平鼓是有600多年历史的汉族鼓舞，素有"天下第一鼓"之称，作为兰州地区城乡人民喜爱的民间表演形式之一，含有庆贺新年太平之意。每逢大的庆典活动，太平鼓表演都是整个活动的高潮部分，那铿锵有力的鼓点，显示了黄河之滨人民的英雄气魄，具有浓厚的西北特色和艺术魅力。因此，这个雕塑更响应了本届园博会的主题"百姓园博"。

展园东侧入口设计模拟了中山桥的造型，利用钢结构设计护栏，以防腐木作为桥面，又结合自然景石和兰州印象景墙，来反映新丝路文化背景下的魅力新兰州。中山桥的前身是黄河浮桥，于1942年改为"中山桥"，俗称"中山铁桥""黄河铁桥"，位于兰州滨河路中段北侧，白塔山下、金城关前，是兰州历史最悠久的古桥，也是万里黄河上第一座真正意义上的桥梁，因而有"天下黄河第一桥"之称。兰州园设计自西向东的自然水系贯穿全园，依托水系设置了兰州水车、彩陶、中山桥等独具兰州特色的黄河文化元素，展现了兰州是处于黄河流域的明珠城市的特色。

高原风情　幸福拉萨

——拉萨园解说词

　　拉萨是西藏自治区首府，素有"日光城"的美誉。

　　拉萨展园名为"幸福拉萨"，占地面积约为1500平方米，主体建筑共两层，采用传统藏式建筑中西藏贵族庄园式的建筑风格，结构包括门厅、大厅、佛堂、厨房、卧室、休息室和展厅。

　　展园入口即是庄园的门口，采用了西藏贵族庄园的大门样式，华丽夺目的装饰与卓越的工艺美术，使其别具一格。大门两边的外墙，使用芝麻白颜色的花岗岩块石砌筑，在白色石墙的上面，装饰着织绒一般的深红色"女儿墙"。红白相间的墙面具有迷人的艺术魅力和独特的藏族建筑风格。进入展园可以看到摇曳的柳树、高大的法桐、繁盛的雪松，与榆叶梅、大叶黄杨、红黄刺玫、侧柏等球状灌木和月季、格桑花等花草相互交融，地面以草坪和青石板相衬，尽显自然野趣。其中，格桑花是拉萨的市花。在藏语中，"格桑"是"美好时光"或"幸福"的意思，所以，格桑花也叫幸福花，长期以来一直寄托着藏族人民期盼幸福吉祥的美好情感，在藏族人民心中具有很高的位置，被藏族百姓视为象征着爱与吉祥的圣洁之花。

　　沿着青石板路前行，便看到西藏贵族庄园的主体建筑，建筑顶部的红色部分便是边玛"墙"，是用晒干后的边玛草捆扎堆砌而成的，内壁砌筑块石。它具有三大特点，冬暖夏凉、减轻房子重量和净化空气。建筑房内地坪的材料全部采用阿嘎土，正如一首民歌所唱："阿嘎不是石头，阿嘎不是泥土，阿嘎是深山里的莲花大地的精华。"对人居环境而言，阿嘎远比水泥等其他材料更环保、更有益，因为它不含任何有毒的化学成分。其中，边玛草、阿嘎土都是具有西藏传统特色的建筑材料。外墙按照西藏古建筑风格采用大、小石头结构，石头全部采用拉萨芝麻白花岗岩块石，其主要特点是冬暖夏凉，使其层次鲜明、庄重，造型严谨、错落有致。

进入室内，抬头可以看到"望板"，它是作为表现装饰效果的重要空间而精心制作的，一般存在于寺庙的重要殿堂、集会大殿、宫殿等重要建筑。望板是用带花绸缎或用彩绘形式装点，这种装饰效果华丽、典雅。

门窗和梁柱都施以彩绘。天花板下的椽子整整齐齐地排列在大梁上方。墙壁用《文成公主进藏》《布达拉宫和七地市的服饰》《藏戏》等壁画进行装饰。藏族传统壁画装饰效果极强，其特点是技法丰富多变，画法采用单线平涂，成像庄严肃穆，体态匀称；历史故事画和风俗画则笔法古朴细腻，多采用俯瞰式透视法，以几何结构描绘人物和建筑物背景，画面别具一格。壁画所用颜料均为矿物质天然颜料，对人体无害，色彩能长久保持。其中《文成公主进藏》手法极其细腻，表现了汉藏一家亲的历史渊源。

室内灶具、石锅、卡垫及桌子、床等家具，都是西藏传统工艺的结晶，其中石锅为纯手工打造，独具西藏东部特色。

展园运用西藏特色的材料和花草，体现了与时俱进的西藏建筑和藏族文化的灿烂历史，用富丽辉煌的艺术装修和别致的拉萨家具展现了青藏高原的民族风情和现代拉萨人民的幸福生活。

雪域古城　西陲安宁

——西宁园解说词

西宁，简称"青"，又称"中国夏都"，是青海省省会，古有"西海锁钥""海藏咽喉"之称。

西宁展园占地面积约为2100平方米，以"雪域高原　幸福之城"

为主题，以青藏高原的自然景观和富有鲜明地域特色的河湟民居为景观要素，来展现西宁作为高原区域性中心城市的人文特色和地域特色。展园分为五个景观分区，即"主入口景观区""自然水景景观区""'西宁八景'掠影景观区""彩陶花镜景观区"及"河湟山庄景观区"。

在展园主入口，运用表现西宁现代城市内容的影刻景墙与抽象雪山框架造型相结合的形式，呈现了高原城市的地域特色，形成局部障景效果。景墙前以枯山水形式表现，山脚两侧被剪形地被环绕，以营造高原特色景观风貌，体现人与自然的和谐共生，展现高原生态宜居城市景象，景墙背面线刻《西宁赋》，来呼应西宁园 "人文西宁"的主题。

在彩陶花镜景观区的绿地内，点缀仿真彩陶摆件，以距今5000多年的马家窑文化遗址出土的五人舞蹈纹盆为题材，表现青海悠久的远古文化。

展园中心区域设置主题水景景观，通过自然水面、湿地景观及跌水置石摆放，结合地形的变化营造高原特色景观，以展现独具高原特色的自然环境资源，并在水景西侧亲水平台处，设置了一座河湟风格的景观亭，以丰富该区域的竖向景观。

沿着青石板路向前，便是"河湟山庄"，它取材于西宁河湟民居建筑，以民俗建筑和河湟文化建筑有机结合，彰显西宁河湟民居的特有魅力和特色。"山庄"檐部配以精美的木雕装饰，旁边有高低错落的矮墙，以展示独具特色的青海民居形式。

出了山庄，便是"西宁八景"掠影景观区，它认"西宁八景"中的"湟流春涨""凤台留云""北山烟雨"三处景点为设计元素，运用浅浮雕形式将其镶嵌于具有西宁地域特色的夯土墙上，突出西宁的自然山水之美。

在景墙旁边设置"煨桑炉"。在藏族地区，几乎每家每户都备有桑炉，不管桑炉设在院子中央、房顶还是墙上，每逢藏历新年，第一件事就是煨桑祭神。据说在煨桑的过程中产生的烟雾，不仅使人有舒适感，山神也会十分高兴。信徒们以此作为祈福的一种形式，希望神会降福于敬奉它的人们。

地面镶嵌的这组地景浮雕，取自西宁市民俗服饰中的吉祥图案，展现了青藏高原独具特色的民族风情。继续向前，这组地景浮雕是西宁市花丁香花的造型。丁香花在青海俗称"轮柏"，有极强的适应性，栽培历史悠久。它风姿典雅，香气浓郁，被誉为"高原花魁"。

展园通过入口城市影刻景墙、抽象雪山造型、自然跌水、景观墙、河湟特色青海民居、彩陶花镜等多处景观，体现了高原城市山清水秀的生态空间和宜居的生活空间，突显了青藏高原"绿色、人文、和谐、共融"的理念。

西夏古都　塞上风情
——银川园解说词

银川，简称"银"，是宁夏回族自治区的首府，素有"塞上江南、鱼米之乡"的美誉，古为西夏都城。西夏，曾经是繁荣强盛的国家，缔造了绚烂而悲壮的历史。在中国历史的长河中，西夏似乎是一个缺席者，在中国"二十四史"中没有西夏史，但这并不能磨灭西夏文化的光华，反而增添了无尽的神秘。

银川园占地面积1400平方米，展园设计了三进空间，从文化和生活等方面展现西夏文化。

第一进空间为初识西夏。在展园入口处设置了两组图腾柱。高耸的石柱顶天立地，镌刻着属于一个王朝的辉煌。石柱以方台造型为基座，上为圆柱形浮雕柱，上圆下方，寓意天地合一。与两侧残败的黄土城墙沙丘遥相呼应，营造一派苍茫的大漠风光，黄土城墙在固沙剂塑成的沙丘上蜿蜒流转，展现大漠深处神秘西夏古国的璀璨文明。

第二进空间为感悟西夏。通过两组浮雕从文化和民俗方面展示西夏特有的印迹。步入台阶，首先映入眼帘的便是西夏文与汉字相对照的浮雕壁画，浮雕采用的《番汉合时掌中珠》（西夏文和汉文双解通俗语汇辞书），展示了西夏最为精深的文化内容——西夏文字。西夏文又名河西字、番文、唐古特文，是记录西夏党项族语言的文字。与之对应的是一幅展现西夏富足生活场景的石雕壁画，壁画运用连续的画面场景诠释西夏生活的方方面面，用凹凸不平的石雕砌墙回放灿烂文明的一瞬，将残缺的记忆片段串联起来完整展现。

第三进空间为铭记西夏。穿过下沉壁面广场，拾级而上，眼前豁然开朗，这是全国核心景观区——铭记西夏。左侧的抽象鎏金铜牛雕塑，运用现代的雕塑手法，提炼出鎏金铜牛的元素特征进行二次创造，形成富有特征的雕塑作品，诠释新的时代精神。鎏金铜牛是西夏时期的一件青铜器，说明牛在西夏有比较重要的地位。在西夏方塔出土的西夏文经《吉祥遍至口和本续》木活字印本，将活字印刷提早了一个世纪，是世界现存最早的木活字印刷品。东侧的西夏文字活字印刷块高低错落形成石柱，游人可以感受到西夏文字独特的魅力，中间有一块刻有银川简介的石柱，与远处残墙掩映的宏佛塔遥相呼应，塔前一汪清潭将残塔印入其中，仿佛涤净了百年苍凉重新焕发出文明的光华。银川园通过三进空间设计，徐徐拉开西夏文化的帷幕，从文化和生活等方面展现了西夏绚烂而神秘的文化，同时也呼应了本届园博会"文化园博"的主题。

I 区展园

珠源毓秀　多彩曲靖
——曲靖园解说词

曲靖是珠江源头第一市，云南省第二大城市，爨文化的发祥地。

曲靖园占地面积1100平方米，以"流淌的珠源文明"为设计理念，通过"以面引线、体现各点"的设计手法展现珠江源头第一市的山水地理景观和历史人文风貌。"面"由珠江源入手，展示"一水滴三江，一脉隔两盘"的内涵；"线"即以人文历史线展现曲靖发展的历史脉络和文化特色；"点"即选取曲靖市下辖的县市区和一个国家级经济技术开发区的代表性历史人文和地理景观。

在入口处，首先映入眼帘的便是地上的方孔圆钱"嘉靖通宝"。这是明代嘉靖时期云南东川府为纪念开炉铸钱而造，是目前世界上所发现的最大、最重的金属制币古钱。正门胜境关牌坊是仿照曲靖市富源县胜境关牌坊而建，九级斗拱、重檐木石结构。它是西南地区级别最高的古关隘牌坊，以此作为正门，反映了曲靖作为"滇黔锁钥""云南咽喉"的重要地理位置。

正门入口左侧是"麒麟仙子"砖雕景墙，反映的是曲靖市麒麟区传说中给人们带来幸福祥瑞的麒麟文化，以及曲靖作为精品雕塑荟萃名城的城市雕塑文化。墙体背面是三元宫浮雕墙，反映的是三元宫红色革命文化。三元宫红色革命文化的浮雕旁有一个展厅长廊，长廊里展示的是曲靖人文地理和山水风光的摄影图片展板。正门入口右侧是爨文化墙，文化墙上用爨体书法字体书写着一个"爨"字，墙体背面是彝族文字浮雕。

步入大门，穿过布满马蹄印的五尺道，罗平的多依河与师宗的五洛河交汇成水面景观。穿过布石，面前即珠江源景山，它是曲靖园的主景观。珠江正源，一洞、一湖、一桥、一瀑布与蓝天、白云、山势、森林组合成绚丽多彩的山水倒影奇景。珠江源景山的山洞内通过视频的方式播放着曲靖城市形象宣传片。洞内置有"二爨碑"，即被人们称为"南碑瑰宝"的爨宝子碑和"神品第一"的爨龙颜碑。

移步向前，一个仿古凉亭矗立眼前，取名"思源亭"。亭楹上镶挂有对联"清风明月本无价，近水远山皆有情"。穿过亭廊，另一侧亭楹上镶挂的对联是"落霞与孤鹜齐飞，秋水共长天一色"，是为了表达珠江流域各族人民"饮珠江之水，思珠江之源"的浓厚情意以及畅享寻源探源之意。其后方水面上搭建有两个水池，通过三级跌水的方式展现了"一水滴三江"的意境。

曲靖园的次入口处，在通往思源亭的小径上，刻有云南八大名花，分别是山茶、玉兰、百合、杜鹃、报春、兰花、绿绒蒿、龙胆。宣威火腿黄蜡石位于曲靖园后门附近的园林绿化景观带之内，反映的是曲靖市下辖的宣威市历史悠久的火腿文化。

曲靖园的整体建筑融入了云南本土民族元素的滇式园林风格，以木质结构为主，雕梁画栋，翘角凌空，红柱青瓦，隔扇门窗，造型美观，庄重秀美。园内配置银杏、乌桕、蚕丝海棠、旱伞草、菖蒲、千屈菜等植物，点缀水景，美不胜收。

"珠流南国，得天独厚"，古老迷人的曲靖，奔腾的珠江之源，它是文化之源，它是魅力之源，这颗滇东明珠正等待着您的探寻！

传承华夏文明　引领绿色发展
——第十一届中国（郑州）国际园林博览会解说词

水润天府　生态锦城
——成都园解说词

　　成都，四川省省会，位于四川盆地西部，成都平原腹地，境内地势平坦、河网纵横、物产丰富，自古就有"天府之国"的美誉。

　　成都园占地面积约1500平方米，以"水润天府，生态锦城"为主题，以体现成都慢生活的巷子文化为主旨，通过亭、巷、门廊、水、花境、雕塑等搭配展现成都城市精神、历史文化及市井生活。

　　园区主要分为花湖和院巷两部分，分别对应成都的现代与传统。步入青花瓷雕刻的成都园大门，一眼望去，便被入口广场的太阳神鸟雕塑所吸引。太阳神鸟本是2001年出土于四川成都金沙遗址的一张金箔，属商代晚期作品，整器呈圆形，器身极薄。图案采用镂空方式呈现，分内外两层，内层周围等距分布12条旋转的齿状光芒，外层由4只逆时针方向飞行的鸟组成，4只鸟首足相接，朝同一方向飞行，与内层旋涡旋转方向相反。太阳神鸟雕塑生动地再现了远古人类"金乌负日"的神话传说故事，象征着周而复始，生生不息，表达了古蜀人对生命和运动的讴歌。2005年8月16日，"太阳神鸟"金饰正式成为中国文化遗产标志，现在被广泛应用。

　　沿左边道路移步向前，一座连体双亭映入眼帘，这就是合江亭。合江亭位于府河与南河交汇处，始建于1200年前，驶往东吴的万里征帆就是从这里启航。垒基高数尺，10根亭柱支撑着连体双亭，构思巧妙，意味隽永。陆游曾在合江亭边感慨"政为梅花忆两京，海棠又满锦官城"。古时，合江桥畔是市井游玩的热闹场所，亦是时人登舟出川的主要口岸，"门泊东吴万里船"描述的便是这般情景。如今的合江亭仍是人们休闲的场所，每到夜晚，在一片灯火辉煌之中，便会有市民到此放灯祈福，品茶笑谈。一盏盏莲花状的河灯在河水中星罗棋布，随波漂浮，载着市民的心愿和祝福顺流而下，为合江亭两岸平添几分神秘动人的气氛。

合江亭与太阳神鸟雕塑之间的一片绿地被分割成了几个部分，一条条分割的线条象征着成都的河道。这一片绿地全方位地展示着成都风貌，与其斜后方的合江亭相互辉映。

出合江亭，经栈道连接着记载成都记忆的"宽窄巷子"，代表院巷文化，对应成都的传统。"走进宽宽的窄巷子，你唱着老四川的歌谣……"哼着小曲儿便走进了成都的记忆。成都园以宽窄巷子为符号，以市民生活环境为特色，形成门、墙、花、庭院、廊等景观，展示成都的市井生活。在这里你可以邂逅古色古香的历史风貌，感受闲适安逸的慢生活。这巷子以青砖砌墙，以灰瓦为顶，有的围墙里还用瓦片堆砌有花格子，透过这格子，院子里的绿植与花卉若隐若现，宛若一幅画，展示着成都的市井生活。这巷子就是一段由古老、沧桑编织起来的梦，美得让人迷惑，置身于巷子之中，自己仿佛也融入其中，变成这画中的风景了。

在古代，成都人都要在门前种花种树，有庭院的人家都要把庭院打扮得漂漂亮亮。每一个庭院的院门都很讲究，院门的两侧都摆有不同样式的石狮子、石盆景等。每看一处，都让人享受其中，不生倦意，再加上外部环境的烘托，真的是应了李白那句诗"九天开出一成都，万户千门入画图"。

园区植物主要有成都本地的银杏、皂荚、芙蓉等乔木和灌木，突出体现了成都植物的品种丰富、色彩多变、花香四季的特色。

成都，巴蜀文化的发源之地，在这里您既可以邂逅古色古香的历史风貌，更能感受闲适安逸的慢生活。

南明金筑　竹园庭深

——贵阳园解说词

贵阳，贵州省省会，盛产竹子，以制作乐器"筑"而闻名，故简称"筑"，是一座"山中有城，城中有山，城在林中，林在城中"的园林城市。

贵阳园占地面积 1300 平方米。贵阳园以竹文化为主题，曰"筑源"，整体设计结合贵阳山地特色，营造竹林深深、山水田园的诗意空间，并将贵阳的母亲河南明河以抽象的景观形式穿插于竹林之中，形成曲径通幽、充满意境的特色景观。

展园入口处的外墙雕刻了竹子的剪影，于细节处展现竹文化，显得古朴雅致。入口处有一圆形拱门，曰"影洞门"，它将竹桥、竹林框显出来，形成框景。中国园林的园墙常设洞门，其作用不仅在于引导游览、沟通空间，其本身又成为园林中的装饰，通过洞门透视景物，可以形成焦点突出的框景。

进入大门，迎面看到的是由竹子修建而成的拱形景观吊桥"新篁桥"。竹桥通体呈现圆润的金黄色，色调也与周边竹林配合得天衣无缝，走在竹桥上，给人以清爽幽静之感。

站在桥上，可以透过竹林隐约看见贵阳的母亲河——南明河的水体，潺潺的流水为幽深的竹林增添了灵动之感。稍作停留，便可步入竹径通幽的"万叶径"，又是另一番景致。道路两侧散布着一个个"竹岛"，有高大挺拔、直指云天的毛竹，有傲雪凌霜、四季常青的紫竹，有亭亭玉立、袅娜多姿的金竹等，它们像盛情的老友一样列队欢迎游人的到来。风起时，偶尔有阳光从枝叶梢头的空隙处洒落，光点在竹叶上跳动，如梦似幻。

万叶径一侧的特色竹建筑"幽篁居"可供游客遮风避雨。幽篁居一名出自王维的诗句"独坐幽篁里，弹琴复长啸"，"幽篁"的意思是幽深的竹林。

该建筑在保留传统竹建筑特色的同时，建筑外形融入了现代化的建筑元素，建筑骨架全部用竹子建成，竹子交叉编织搭建成顶棚。

展园设计大量运用了竹元素，竹子是生长快速的低碳建材，竹建材还可以重复利用，符合绿色园博的主题。地处西南竹文化圈的贵阳，竹子不仅有着生活中的现实意义，更成为人们精神追求的象征。园内竹子品种丰富，布景古朴别致，颇具清、幽、静、雅的隐士之风。

整个园内栈道相连，长廊曲折，竹林荫翳，幽静清雅。当微风袭来，翠竹摇曳沙沙作响，置身其中，令人感悟来自内心深处的淡泊与宁静。

锦绣春城　红土恩情
——昆明园解说词

昆明，云南省省会，素有"春城"之美誉。

昆明园占地面积1600平方米，以"大地恩情——红土地上的雨水花园"为主题，通过一条高低起伏的园路连接着错落有致地分布于不同层面的三个展示活动空间，让游人不仅在视觉上感受到昆明依山傍水、起伏有致的独特山原地貌，而且在游园体验上感受到昆明的文化多样性。

展园大门是用铁锈红的耐候钢板制成，体现了对工业废铁再利用的环保理念。步入大门，即可踏上高低起伏的红土地广场。红土地材料选取红色石块替代，面向园路一侧一览无余地展现着红土地的厚重和情感。这片高低起伏的红土地广场形成了阶梯式"雨水花园"，其中两级台地种植多肉植物和低矮植被，提升了近距离观看的观赏效果。人们对昆明的第一印象便是那方圆百里的红土地，踏上这片红土地，就仿佛找到了养育这一方儿女的根脉。加上蓝天、白云和变幻莫测光线的衬托，便构成了红土地壮观的景色。

一条螺旋向下的园路将游人引到民族气息浓厚的民族广场。这里可作为小型活动的场地，运用不同小品的表现元素体现出昆明人文历史的多样性。其正中央的火把雕塑正是火把节的代表。火把节是云南最隆重的少数民族传统节日之一，以参与人数多、内容丰富、影响力大著称，有"东方狂欢节"的美誉。

沿着弯曲的园路继续向前走，便是下沉式石林广场。地面的黄色冰裂石铺装象征大地，地面上的带状浅水区域象征昆明丰富的河流水系，地面上散置的石块象征昆明的山石。云南石林形成于2.7亿年前，是世界喀斯特地貌的精华，拥有世界上喀斯特地貌演化历史最久远、分布面积最广、类型齐全、形态独特的古生代岩溶地貌群落，被誉为"天下第一奇观"。一座石林便是一个故事、一段历史，这形态各异、千姿百态的石林仿佛在向人们诉说着它们的动人故事。

欢迎来到昆明展园，感受最真实的红土地，观赏"春城"之美。云南昆明欢迎您的到来！

G区展园

东方之珠　活力香港
——香港园解说词

香港位于珠江口东侧，北接广东省深圳市，西与澳门隔海相望，包括香港岛、九龙和"新界"。香港地貌以低山丘陵为主，海岸线长且多港湾，自然环境优美。

香港自古以来就是中国的领土。1997年7月1日，中华人民共和国正式恢复对香港行使主权，香港特别行政区成立。如今的香港不仅是充满活力的中西方文化交汇的亚洲国际都会，而且是国际金融、贸易和航运中心，有"东方之珠""动感之都""购物天堂"等美誉。

香港园的建筑风格为现代庭院，以东方之珠为主题。园区中央设有巨型镜面球体，宛若一颗明珠，象征香港。分布园内四角的琴棋书画，映照其中，寓意香港以中华文化为本，同时吸收各地人文精粹，成为独树一帜的魅力都市。球体下方为色彩缤纷的花圃，呈现一片欣欣向荣的景象，意味着香港继续繁荣安定，明天更美好。

中葡交融　濠江情浓

——澳门园解说词

澳门又称"濠江"，北邻广东省珠海市，与香港、广州鼎足分立于珠江三角洲外缘。1999年12月20日中国政府恢复对澳门行使主权，澳门特别行政区成立。澳门历史城区于2005年7月被联合国教科文组织列入世界文化遗产名录。

澳门园以"转角·濠江情"为设计理念，总体设计以当地独有的相互交融的中葡文化为基础，结合了妈祖阁、卢廉若公园、民政总署内庭花园及澳门主要街道元素，有力地展现了"中葡交融，濠江情浓"的澳门城市主题特色。

澳门园的入口大门是仿照澳门当地名胜古迹之一妈祖阁的牌楼式大门建造而成，门楣上写有"妈祖阁"三个金字，门两侧是一副对联："德周化宇，泽润生民"，充分体现了人民的祈愿和妈祖文化的精髓。大门顶部有琉璃瓦顶等装饰，其中门楣顶部为飞檐状屋脊，华丽美观。步入大门可见一座由花岗石建造的三间四柱冲天式牌坊，正中间刻着"南国波恬"四个大字。穿过两道牌坊，婆娑匀称、清香优雅的鸡蛋花树和色彩鲜艳的变叶木等花木迎接着游客的到来。

拾级而上，可见具有典型葡萄牙风格的游道，碎石被镶拼成精美的波浪形条纹图案，散发着浓郁的欧陆情调。以中央葡国石海浪步道为界，园区分为中式庭院和葡式庭院两个部分。中式庭院的建造结合了澳门唯一具有苏州园林风格的卢廉若公园的部分元素。穿过月洞门我们到达占园区四分之一面积的荷花池，荷花池内的晚荷与仿制的澳门回归时大陆赠送澳门特别行政区的"盛世莲花"雕塑交相辉映。"盛世莲花"雕塑主体部分由花茎、花瓣和花蕊组成，莲花盛开，亭亭玉立，展现了澳门回归后的繁荣昌盛。沿着荷花池内的九曲桥，移步换景，池中晚荷与"盛世莲花"雕塑交相辉映。

离开荷花池前行，走在葡萄牙特色的石海浪步道上，两旁纵横着葡萄牙风格的街灯和圆柱地灯，将游人引入葡式庭院区。入口是参照澳门民政总署内庭花园主要风格元素设计的简约入口广场，充满浪漫色彩的喷泉令游人驻足。转过弯，四周墙壁铺装葡式青烧瓷砖围成的独特空间显得古朴而典雅。越过台阶，四周满种各种绿色植物，景致怡人。

置身于澳门园，每一处景点都使游客感受到澳门大街小巷中呈现的浓浓的濠江情怀。

情牵两岸　筑梦台湾

——台湾园解说词

台湾位于中国大陆东南沿海的大陆架上，全岛总面积约为3.6万平方千米，是我国最大的岛屿。自古以来台湾就是我国的神圣领土，在中国古代文献里曾被称为"东鲲""夷洲""流求"等。

台湾园占地面积1500平方米，分为主展馆区、原住民文化展示区、台湾自然景观展示区、植物地形展示区和升达文化展示区，展园由郑州升达经贸管理学院单独出资设计和建设。

台湾园设计以"情牵两岸，筑梦台湾"为主题，提取台湾传统建筑、景观和人文特征，在细节中又融入升达元素，用现代景观和建筑设计的方法打造出具有深厚文化内涵特色的台湾园区，展现了升达大学在台湾与河南教育事业中所具有的独特地位和作用。

传承华夏文明　引领绿色发展

——第十一届中国（郑州）国际园林博览会解说词

园区的正门是缩微的升达大学校门，"升达"二字被创办人赋予"升华达德"的美妙含义。郑州升达经贸管理学院是一所位于河南省新郑市龙湖镇的民办本科高校，校园占地面积近 2000 亩，学院现设有 10 个系和 2 个教学部，在校学生总人数 1 万多人（包括本科、专科）。

进得门来，两边以风雨廊架构筑的廊道连接主展馆，既是古典构景手法，亦可作为游客休憩的场所。廊道东西两面分别有一堵照壁。照壁又称"影壁"或"屏风墙"，是受中国风水意识影响而产生的一种独具特色的建筑形式，属于中国古代传统建筑特有的部分，是中国传统民居建筑形式四合院必有的一种处理手段，具有挡风、遮蔽视线的作用，墙面若有装饰则造成对景效果。台湾园里的这两堵照壁显然是用来造景的，两厢相对形成对景，同时起到四合院合围的作用。两堵照壁，一照壁上镌刻的是台湾社会民风民俗、特色物产的简介，另一照壁上镌刻的是对升达大学的简介。

台湾园主展馆建筑高度为 5.5 米，展出了反映台湾民风民俗的展品，从这些展品中我们可以体味到宝岛台湾的地方文化。大门、主展馆及两边的大同照壁合围的空间构成了同心广场，意为大陆与台湾同心同族为一家。

西出入口处是升达大学的创办人、台湾著名豫籍教育家王广亚先生的半身铜像。王广亚先生是河南巩义人，1993 年创办了郑州升达经贸管理学院。

余光中的《乡愁》道出了台湾与大陆的血脉相连："乡愁是一弯浅浅的海峡，我在这头，大陆在那头。"祝愿祖国早日实现完全统一！

河南省展园

华夏同根　郑风家和

——郑州园解说词

郑州是中国八大古都之一、华夏文明的重要发祥地和中华文明轴心区。约5000年前,中华民族始祖轩辕黄帝生于轩辕之丘,定都于新郑(今属郑州)。

郑州园占地面积7300平方米,位于河南展区东南部。郑州园以"家源"为立意,展现郑州作为黄帝故里"同根同祖同源"的理念,呼应本届园博会"百姓园博、文化园博"的主题。郑州园以家园为载体,从空间布局、建筑设计、小品雕刻、文化展示、植物配置等方面体现郑州特色和地域文化特征,唤起炎黄子孙的乡情和家园归属感,体现"传承华夏文明、引领绿色发展"的办展理念。

郑州园总体布局以"和"为主线,通过起承转合的空间,收放有致地分为"郑风家和""礼乐人和""家源亲和""天地大和"四个主题序列游览空间,利用传统院落与园林的设计手法,通过空间的对比和转折形成抑扬顿挫的游园节奏,营造出步移景异、丰富有趣的体验空间。园区游览注重互动体验,融合海绵城市生态建设技术,体现智慧展园的现代科技应用,营造极具中原文化特征和郑州地域家园文化的精致展园。

"郑风家和"主题:位于展园主入口,主要体现"家和万事兴"的设计理念和中式风雅的景观风格，入口两侧"龙生九子"拴马桩形态各异。院落南面景墙书写《诗经·郑风》诗文六篇，中间装饰"鸾凤和鸣"砖雕，与龙形石桩对应，景墙绿植配以五色苋、三七景天与佛甲草。中间地雕以秦小篆"和"字围合团形荷花构图，寓意"家和""团圆"。乐和楼门楼匾额书写"家和"，两侧装饰对联"天清业兴百福臻，地宁和至四时安"。家园入口植大槐树，寓意"家财兴旺"；植枣树，果实累累，寓意早生贵子。门楼两侧栽植柿树，寓意"事事如意"。

"礼乐人和"主题：主要体现的是"礼乐教化，人和和乐"的设计理念，入口匾额书写"乐和"，门两侧装饰对联"看世事沧桑借鉴过去，数风流人物还看今朝"，两侧为礼乐长廊，以透雕技术将月季、荷花装饰于礼乐长廊建筑上，礼乐教化氛围浓重。墙上展示清郑州八景——古塔晴云、圃田春草、梅峰远眺、汴河新柳、凤台荷香、龙岗雪霁、海寺晨钟、卦台仙境，体现郑州历史上人和和乐的场景。中轴线上主体建筑"礼乐台"为豫剧等戏剧表演平台，两侧装饰穆桂英与花木兰经典豫剧形象，反映百姓和乐生活场景。院内栽植梨树，契合"梨园"主题。豫剧起源于中原（河南），是中国五大戏曲剧种之一，中国第一大地方剧种。2006年，豫剧被国务院列入第一批国家级非物质文化遗产名录。

"家源亲和"主题：体现的是展示郑州地区家源姓氏文化，弘扬中原地区"德孝家和"传统思想的设计理念。进入文化长廊，墙面介绍河南郑州52个姓氏起源，由中华姓氏寻根图和三幅全源于河南的姓氏主题景墙组成，通过文字介绍中华姓氏脉络，并以文字浮雕形式展示全源于河南的52个姓氏。庭院南侧垂花门楼匾额书写"人和"，两侧装饰对联 "孝善为寿者相，仁德是福之根"。院落中间种植三株"无刺枸骨"（俗名金玉满堂）与景石作为组景，寓意"华夏同根，金玉满堂"。北侧院落主体建筑德泽楼以书院建筑为原型，匾额上书 "德泽"，两侧装饰对联"处事无他莫若为善，传家有道还是读书"。 室内建筑装饰以新中式风格为表达形式，延续康百万庄园家居陈设风格，建筑细节檩头、山墙、门头和屋脊分别装饰砖雕、彩绘与石兽。庭院前为"石淙清泉"水景，水分别从代表五色土的陶罐中汩汩流出，象征华夏家源姓氏起源。嵩山东南部的玉女台下有一石洞，两岸石壁高耸，险峻如削，怪石嶙峋，涧中有巨石，两岸多洞穴，水击石响，淙淙有声，故名"石淙"。

"天地大和"主题：主要体现"天人合一"生态观的设计理念。庭院内种植葡萄藤、玉兰、海棠、桂花等，寓意"玉堂春富贵"。玉兰是爱国、贞洁的象征，海棠有游子思乡之意，葡萄藤、桂花分别是繁荣昌盛、吉祥崇高的象征。南侧"圃泽春草"生态湿地取材于郑州清八景"圃田春草"与"凤台荷香"；北侧月季花圃展示多姿多彩的郑州市市花月季。花圃旁堆山叠石建"月荷亭"，为本区域制高点。

郑州作为本届国际园林博览会的东道主，其园区设计充分展现了中原文化的厚重底蕴，"四和"主题也极力渲染了这座城市的古今魅力。

虹桥汴影　宋韵再现
——开封园解说词

开封市地处中原腹地，是我国著名的八朝古都，中国六大古都之一，古称汴京。

开封园占地面积1535平方米，以"宋韵·开封"为设计主题，以宋代著名宫苑"艮岳"为空间序列蓝本，以《清明上河图》画眼"汴河·虹桥"为雏形，采用移步换景的园林设计手法，营造出小中见大、蜿蜒曲折、高低错落的景致，主要有开封府剪影、虹桥框景、城墙等景观。

宋朝时是开封历史上最为辉煌的时期，经济繁荣，富甲天下，人口过百万，风景旖旎，城郭气势恢宏。开封当时不仅是全国政治、经济、文化中心，也是世界上最繁华的大都市之一。北宋画家张择端的作品《清明上河图》描绘了清明时节北宋东京城及汴河两岸繁华热闹的景象和优美的自然风光。中国的对外交通已由汉唐之后的丝绸之路转向东南沿海的海路，开封跃居为当时世界上最为繁华的大都会之一。

走进开封园，首先映入眼帘的是以"开封府"为原型的剪影大门，展示了古城人民开门迎宾之意。开封府是北宋京都官吏行政、司法的衙署，被誉为天下首府。据史料记载，北宋开封府共有183任府尹，尤以包公打坐南衙而驰名中外。沿着园路来到园内，首先看到的是古朴沧桑的城墙。开封城墙全长14.4千米，是中国现存的仅次于南京城墙的第二大古代城垣建筑。历经战乱和黄河泛滥，如今的城墙之下叠压着5层古城墙，构成了"城摞城"的奇特景观。时至今日，开封城的中轴线千年未变，古城墙虽历经多个朝代修复，其规模、格局乃至重要坐标均未改变，为世界所罕见。

水运广场地雕展示了汴京作为全国水运中心的盛况。北宋时期东京城汴河、蔡河、金水河、五丈河沟通黄淮水系，形成"天下之枢"的中心地位，是"八方辐辏，万国咸通"的国际大都会。北宋时期，东京水运体系进行了一系列的建设和调整，确立了东京作为全国水运中心的地位，形成了以东京为核心的全国水运网络体系，不仅方便了京城居民的生活，促进了商业的繁荣，而且为北宋国家政权的巩固提供了极为便利的交通条件。

进入虹桥广场，两侧以现代景观工艺制作的清明上河园镂空景墙既作为虹桥景观的组景之一，又单独呈现《清明上河图》景观。虹桥是汴河上的一座规模宏大的木质拱桥，结构精巧，形式优美，宛如飞虹，故名虹桥。在古代，由于没有精密量尺和结构力学理论做后盾，若搭建一架木拱虹桥，无数烦琐的工序只能凭工匠的眼力和经验。古代没有钢筋水泥，但木材的钻孔、木榫的衔接、整座桥的弧度都要求严格的精度。《清明上河图》的"画眼"虹桥，代表了我国古桥梁建筑史上一个辉煌的顶点。

虹桥的尽头是展示东京市井繁华的勾栏瓦肆建筑。孙羊正店、十千脚店、锦匹帛铺、久住王员外家（客栈）、赵太丞家（药店）展现了北宋人民的衣食住行。勾栏瓦肆建筑前的花池，是采用官瓷碎片拼贴而成。官窑是中国历史上真正意义上的宫廷御窑，生产北宋宫廷御用瓷器。烧造的瓷器胎薄而精细，简单洗练的造型以及釉色纹片开裂之后所幻发出的迷人光彩堪为天下之冠。

北宋东京在中国都城史上被看作一个承前启后的范例。从北宋东京开始，城市职能由礼仪、防卫的层面逐渐向市民生活倾斜，城市结构由封闭的里坊制向开放的街巷式转变。城市公共空间中的"街"与"市"正是在北宋时期的东京才具备了现代的形态。当时东京城内形成几个繁华的商业街区，出现"诸酒肆瓦市，不以风雨寒暑，白昼通夜"的营业胜景。

漫步园中，犹如"一朝步入画卷，一日梦回千年"，让我们一起踏入独具宋韵的开封园吧！

牡丹花城　千年湖园

——洛阳园解说词

洛阳是华夏文明和中华民族的发源地之一，有"洛阳牡丹甲天下"之称，被誉为"千年帝都，牡丹花城"，是中国八大古都之一、世界历史文化名城。

洛阳园位于园博园河南展区，占地面积1600平方米，仿照《洛阳名园记·湖园》中的描述和布局，再现唐代湖园造林之盛景。北宋李格非在《洛阳名园记》中提到唐代公卿贵戚在洛阳的府邸园林有1000多处，其中裴晋公宅园，即湖园，在空间规划和景物设计上是当时洛阳最好的园林。湖园以开阔平远的水景为表现主题。

传承华夏文明　引领绿色发展
——第十一届中国（郑州）国际园林博览会解说词

洛阳在我国唐代是全国的经济、政治中心，文人士大夫追求风雅，私人造园成为一种风尚，整个洛阳城几乎"家家流水，户户园林"，其繁盛景象盛极一时。洛阳园林的辉煌不只局限于唐代，自东汉到北宋一千余年，洛阳园林一直独步中国。洛阳展园的布局和命名皆出自《洛阳名园记·湖园》，园内假山众多，筑山置石，移景自然。

展园大门右侧，矗立在地面的石头上刻有"天下名园重洛阳"几个大字，其句出自宋人邵雍的《春游》，充分显示出洛阳园林的名气。入得大门，经照壁，可看到园区中央有一座水心桥。踏上水心桥，右侧便可看到三座小岛矗立水中，分别名曰樱花岛、杏花岛和晨光岛。三座岛屿花木繁盛，郁郁葱葱，宛若三座绿洲。

走下水心桥，沿右侧园路移步向前，一座桥矗立水面，名曰南溪桥，正所谓"南溪修且直，长波碧逶迤"。过了南溪桥，便是迎晖亭。沿着弯曲的园路继续向前，即可看到园区最大的主建筑四并堂。之所以叫四并堂，意为良辰、美景、赏心、乐事四者难并。四并堂内利用3D科技360度全息投影以及270度互动投影技术在地面投射立体影像的同时，在会场的天花板上也投射出立体影像，将洛阳牡丹亦真亦幻让人目不暇接的视觉体验呈现给游客。

四并堂前，一个水池连接着整个园区的水景，名曰平津池。整个园区水景环绕，这正体现了湖园以水取胜的特点。平津池上架有平津桥，弯曲的平津桥连接着四并堂至园区出入口。平津桥为木栈桥，其左侧的绿化带中设有眺台和夕阳岭，站在眺台上，远眺整个展园，一切美景尽收眼底。

洛阳园花木繁盛，竹林环绕，尤以牡丹甲天下。洛阳园融合中国水墨画的写意手法，打造生境、画境、意境三境合一的绿化景观。园区通过植物的高与低、色彩的明与暗、群植与孤赏达到极致的景观效果，营造禅意，满足游人视觉、听觉、嗅觉的多重感受。

洛阳园集空间上的宏大与幽邃、景观上的人工与自然、地貌上的高与低于一体,一步一景,处处皆景,来到洛阳园,您便是那道最美的风景!

山环水绕　多姿鹰城

——平顶山园解说词

平顶山,因市区建在山顶平坦如削之处而得名,别名"鹰城"。鹰是力量的象征,鹰城之名既体现着平顶山历史文化的厚重,也展示出这座新兴现代工业城市的发展迅猛。平顶山境内山峦起伏,丛林繁茂,是中国优秀旅游城市和国家园林城市。

平顶山展园位于河南展园区,占地面积约1700平方米,总体呈长方形,以"碧水青山藏乌金"为设计主题,一座由石笼筑成的主山体象征平顶山丰富的矿藏资源,人工湿地环山而建,共同构筑了平顶山园依山傍水的总体构架。

平顶山园主入口处的镂空板上镶嵌了三道镂空墙,从平顶山香山寺山门到观音大士塔刻画出中国第一座香山寺的雄伟壮观,以此迎接海内外游客的到来。入口广场设有木桥,与景观水渠连成一片。站在广场向主山体望去,这座由石笼筑成的层层规整的主山体叫石笼山,山上种植乔木花卉,在日光中交相辉映,美景迭现。

徐步向前,以平顶山城市的三个代表颜色蓝、白、黑打造的主路呈"回"字形,螺旋上升至山顶,其中,蓝色代表湿地,黑色代表煤矿,白色代表盐矿。道路一侧为景观水渠,另一侧沿路铭刻了平顶山有史以来的发展轨迹。山体第一层提取鹳鱼石斧图、朱红色陶片、壁画符号等元素向游人展现平顶山境内的仰韶文化。第二层的青色瓷片铺装彰显了其设计理念是汝瓷文化,汝窑在宋代五大名窑汝窑、官窑、哥窑、钧窑、定窑中排在首位。汝官窑在我国古代陶瓷发展史上，特别是对于两宋官窑瓷系的发展起到了承前启后的关键作用。第三层铭刻了宋代文学家苏轼的代表作《念奴娇·赤壁怀古》，这是典型的豪放派代表作。而三苏园文物景区作为宋代文学家苏洵、苏轼、苏辙父子三人的陵园，正位于平顶山市郏县县城西北的小峨眉山下。行走在第四层，雕刻在栏杆、墙上、铺装上的千手观音、金色莲花等都在向我们展示平顶山的香山寺文化。

行走至山顶，可透过墙面上的瞭望窗口眺望周围景色，其中位于展园以北的一条宽阔河道是著名的南水北调工程河段。站在煤矸石与透空玻璃相结合的地面上，面前的镂空景墙刻画出了平顶山尧山风景区的秀丽风光。尧山四季景色迷人，集雄、险、秀、奇、幽于一体，可谓"三十六处名胜，七十二个景点"，处处美不胜收，如诗如画。螺旋楼梯层层往下走营造出矿洞的感觉，沿途的墙壁结合煤演变的三个阶段展示地质层结构，底部两个展厅以展示煤的开采和利用向游人展现平顶山丰富的矿产资源。一座5米多高的中原大佛雕像屹立在底部，大佛足踏莲花宝座，面相庄严，恬静笑意似露微藏，尽显睿智。地下出口设有沉水廊道，游客能在此得到奇妙的水中行走体验。

展园外看碧水青山，内藏乌金宝藏，璀璨的历史文化和旖旎的自然风光交相辉映，展现了鹰城平顶山的非凡魅力。

殷商旧都　易园春秋

——安阳园解说词

安阳，简称殷、邺，中国八大古都之一、国家历史文化名城，是甲骨文的发现地，《周易》的发源地，著名的殷墟、羑里城等重要遗址均发现于此，有"洹水帝都""殷商故都""文字之都"之美誉。

安阳园又名"易园",位于河南展园区,占地面积1700平方米。易园以周易文化为主题,运用八卦卦象构筑园林空间,结合螺旋形坡道和中央太极池展现周易之周而复始、生生不息的精神内涵。

周易文化的发祥地是安阳羑里城,它是世界遗存最早的国家监狱。相传文王姬昌在被囚禁期间,发愤治学,潜心研究,著成《周易》一书,将伏羲八卦演化为64卦384爻。这便是历史上著名的"文王拘而演《周易》"的故事。

易园展园轮廓模仿龟甲,8条沟渠分别代表8个卦象,园内64卦墙象征龟甲上的裂纹和卜辞,防火夯土墙则模仿殷墟考古现场。

行至入口,两块阴阳鱼巨石前后错落放置。阴阳鱼是指太极图中间的部分。太极图形如黑白两鱼缠绕在一起,白鱼表示阳,黑鱼表示阴。白鱼中间有一黑眼睛,黑鱼之中有一白眼睛,表示阳中有阴、阴中有阳之理,因而被称为"阴阳鱼太极图"。阳鱼石头上刻有"安阳 易园"标志,阴鱼石头上刻有"天行健,君子以自强不息";出口处的石头上刻有"地势坤,君子以厚德载物"。这两句话出自《周易·象传》,《周易·象传》是对《周易》卦象和爻辞所作的解释。这两句话连在一起意为天(即自然)的运动刚强劲健,相应于此,君子应刚毅坚卓;大地的气势厚实和顺,君子应增厚美德,容载万物。

步入园内,由红、黑、白三色中空管道筑成了18面景墙,即64卦墙,以白色为底色,红、黑色按照64卦卦象进行放置。主入口通道下方附近,从右侧踏上上行坡道,6个卦象分别镂刻于水渠顶端,8条水渠穿过上行、下行两段螺旋坡道,穿过两层寓意吉祥的64卦墙,最终流向中心太极池,象征着财富、力量与智慧最终都汇聚到太极池,从而带来万物的繁荣。8条水渠分隔出8个相对独立的小花园。相传蓍草是文王演卦时重要的工具,还能开出美丽的花朵。蓍草不仅为展园增色,也唤起人们对文王因于羑里城演卦的记忆。

上行半周后到达上层观景平台，可俯瞰整个展园景色。园区中心太极池的阳鱼池用绿植装饰，而阴鱼池则是螺旋形水涡，由8条水渠流出的水汇聚于此，寓意着周易生生不息的精神内涵。

全园最外围还有一圈植草沟，旱时散布草花，降雨时可形成美丽水景，并能起到抑制径流产生的作用，契合了本届园博会"海绵园博"的主题。

一上一下两段螺旋坡道环绕中心太极池，穿行于卦墙、水渠和花园间，由外及内逐渐下沉的空间引导游人深入花园中心，到达太极池，如同拨开厚重的历史迷雾逐渐看到象征智慧的太极图，感受周易贯穿万事万物生生不息的精神内涵。

一阴一阳之谓道，生生之谓易也。欢迎参观易园！

海绵园区　生态鹤壁
——鹤壁园解说词

鹤壁，因相传"仙鹤栖于南山峭壁"而得名，位于河南省北部，是《封神榜》故事发生地，拥有悠久的《诗经》文化。作为一座花园城市，2015年鹤壁市成为全国首批、河南省唯一的国家级海绵城市建设试点城市。

鹤壁展园占地面积约800平方米，以"海绵园区，生态鹤壁"为主题，将展园分为综合展示区、休闲体验区、观景休憩区和科普互动区四个功能区，全面地展现了海绵城市的建设理念。

在展园入口处设置了水净化提升装置，漫步向前便是循环跌水景观。沿路直走是生态树池，它是一种生态排水设施，能够实现就地消纳雨水径流、减少外排雨水量、雨水资源化利用、改善生态环境等多种目标。左侧便是科普互动区，屋顶上种植了一些花草，这种绿色屋顶在滞留雨水的同时还起到节能减排、缓解热岛效应的功效。外面做成水幕景墙，水幕景墙前是一个玻璃栈道，以供游人与水亲近，更直观地观看水幕。左转进入室内即是一个海绵展廊，内设有海绵城市微缩模型，全方位、系统性地展现海绵城市建设方式，并配合科普视频等材料，生动展示海绵城市的设计理念，以起到科普宣传和教育的作用。

穿过海绵展廊，沿着碎石汀步便来到了观景休憩区，这里设置了雨滴形坐凳，营造了一个可游憩、宜观赏的文化空间。在这里可以看到下凹竹带、雨水花园、循环跌水景观等，这些都是建设海绵城市的"绿色"措施。它们可以用于汇聚并吸收来自地面的雨水，通过植物、沙土的综合作用使雨水得到净化，并使之逐渐渗入土壤，涵养地下水，或使之补给景观用水。

在有限的场地空间内，鹤壁展园巧妙地将海绵城市理念融入景观设计中，实现雨水的自然积存、自然渗透、自然净化，展示了未来城市发展中人水和谐的自然关系。

豫北明珠　太行新城
——新乡园解说词

新乡，素有"豫北明珠"之称。新乡展园命名为"新乡苑"，占地面积1000平方米，以"新乡常新"为主题，采用自然式园林设计手法，将新乡的南太行山水文化、比干庙寺庙历史文化和新乡大东区发展规划融会贯通，采用微缩景观，展现新乡的人文自然。整个园区分为石榴花广场、大东区展示区、文化展示区和太行山水区四部分。

展园入口仿照南太行的郭亮村大门，厚重大气，朴拙无华，展示了新乡开放、包容的城市胸怀。步入园内，首先映入眼帘的即是以新乡市市花石榴花命名的广场，简洁大方，现代感十足，穿过新乡体育会展中心外边的廊架就进入了大东区展示区。

大东区位于新乡市中心城区东部区域，因此也将其设计在园内东部。该区将园林植物造景与城市建筑模型相结合，将微缩城市建筑掩映在绿色植物之中，建筑模型旁边设有新乡大东区的文字介绍。"麦穗塔"模型标志着新乡国际商务中心，象征着新乡的新地标，表现大东区"城市组团＋特色小镇＋美丽乡村"的空间总体格局。

园区西部是文化展示区，将比干雕像与寺庙园林相结合，展现了新乡厚道忠诚的历史文化。西侧以竹子遮挡围合，设置艺术坐凳，营造一个有文化、可游憩、宜观赏的文化空间。

园区内自然式园路曲折蜿蜒而上，象征新乡人不断攀登、奋发图强的精神风貌。园区北侧是太行山水区景观，山顶表现了轿顶山的巍峨崎岖，中间开凿的一段挂壁公路，展现的是郭亮挂壁公路的艰难奇险，飞流的瀑布则展现了宝泉的水美。山下设置太行人家村舍，展现了原生态的太行民俗。

整个园区设置汀步、不同材质的铺装，让游人踩过石磨状汀步，站在木质栈台之上，近观高山瀑布的壮丽之美，鉴赏市花石榴的风姿傲骨，与文人骚客一同斗酒诗百篇，领略新乡的山水园林文化，感叹新乡"郑洛新国家自主创新示范区"发展之蓝图。

竹林七贤　清幽山阳

——焦作园解说词

焦作，古称山阳、怀州，位于河南省西北部，是一座具有自然生态环境和深厚人文底蕴的城市。

焦作园名为"七贤园",以"竹林七贤"为主题,通过空间——宁静的世外桃源,时间——返璞归真、率性自然,音律——自然天籁的再现三条线索,以园林艺术表达竹林七贤文化与人居理想环境。"竹林七贤"指的是魏晋时期的嵇康、阮籍、山涛、向秀、刘伶、王戎和阮咸七人,他们常在当时的山阳县(今焦作)云台山竹林之下喝酒放歌,肆意酣畅,纵论天下。

展园以竹林为背景,以七条竹编筒状路径为主体结构。七个竹器,七条路径,隐喻从尘世进入七贤所居住的世外桃源的过程,也暗喻七贤从各方而来汇集于焦作。所用的竹器采用焦作博爱竹器传统编制纹样,结合现代结构技术设计,为钢竹混编结构。博爱竹器以"清化竹器"而驰名,是焦作的一种传统手工艺品,有着悠久的历史。

展园入口,便是"竹林欢",是林中欢聚之意,通过竹器中的篆体文字、竹器尽头的七贤图绘和诗词点题,体现焦作园欢迎八方来客的精神。沿着竹筒路径前行,便是"竹林会",有会聚八方贤士之意。漫步向前,是"竹林宴",竹林宴竹亭是由切开的竹器形态演化而来,内部平台交错,可为游人提供遮阴休憩的场所。它的周围种植了多种竹子,作为一个识竹园,可展示焦作的竹类品种。继续前行,是"竹林兴",竹器内壁书写有篆体"竹林兴",并配有竹编编制的诗句:"奉料竹林兴,宽怀此别晨",这句诗出自唐代诗人綦毋潜的《送郑务拜伯父》。

出门便来到了展园的核心——"落雨听竹"与"琴音湖"。落雨听竹为钢索拉纤的一个雨环,流水从天而降。琴音湖水体为浅浅的水膜,中心置有一块卧石,演员可坐石上表演嵇康所作《广陵散》,另有六块岩石,呈俯首恭听状。七块岩石,正是竹林七贤图中七人共同弹唱的场景。

琴音湖为长21米的透明水幕墙,墙体绘制云台山水。雨声、水声、琴声相呼应,演奏的正是高山流水的天籁之音。在琴音湖周围设置了七眼泉水,是基于古乐宫、商、角、徵、羽、变徵、变宫七个音律设计的涌泉装置,采用红外线感应装置，通过感应游人动作出水。七眼泉水发出不同音调的水声，代表了七种音律，同时也代表了七贤不同的个性。

琴音湖正对着便是"竹林狂"，语出"纶巾羽扇颠倒，又似竹林狂"。继续前行便是"竹林游"，竹器内壁书写有篆体"竹林游"，并配有竹编编制的诗句："东篱摘芳菊，想见竹林游"，这句诗出自唐代诗人储光羲的《仲夏饯魏四河北觐叔》。

出了竹筒路径，便来到了"竹音墙"，它是由竹器所制的音乐竹墙。可在入口处领取竹锤，通过敲击园中的竹琴，弹奏古乐的不同音律，体验七贤的音律艺术。与竹音墙沿路相对的石墙上记录了焦作人居环境建设和一座工业城市的华丽转身，以检索石条的形式进行焦作市人居环境建设突出成果展示。

焦作展园采用了传统园林欲扬先抑的表现手法，运用竹器塑造了幽暗曲折和豁然开朗的空间，叙述了《桃花源记》中别有洞天的哲学情怀，呼应了"竹林七贤"的表达主题。

华夏龙都　澶州古城

——濮阳园解说词

濮阳，位于河南省东北部，古称帝丘，上古时期五帝之一的颛顼曾以此为都，乃中国第一个国都，故有帝都之誉，是国家历史文化名城。

濮阳展园占地面积约 1700 平方米，以"历史的发现旅程"为主题，以濮阳标志性建筑"四牌楼"（又名"中心阁"）为中心景观，东南西北四方分别通过建筑、雕塑、石刻等景观元素，诠释四牌楼的历史典故，凸显濮阳悠久而又丰富的历史文化底蕴。

展园入口采用了金山石条和仿古城墙砖材料建成古城墙的形式，展现了濮阳悠久的历史文化，并运用龙形灵璧石点景，凸显了濮阳"龙都"的文化内涵。

四牌楼是一座由四面牌坊围筑而成的亭阁，呈方形，木石结构，四角以石柱支撑阁顶。阁顶以全木构成，榫卯紧扣，四角斗拱相托，四边又各有三组斗拱。阁檐上挑，上覆绿色琉璃瓦，阳光照去，青光闪烁。四道顶脊各塑两只蹲狮，栩栩如生。四道垂脊各塑龙凤鱼马图案，寓意龙飞凤舞和鱼跃马腾。牌楼四角各塑一只文兽，文兽口衔铜铃，微风吹来，铃铛叮咚作响，呈现一派喜悦祥和景象。阁楼之内，雕梁画栋，纹饰精美，牌楼四面雕刻着四块牌匾。

东面匾额曰"颛顼遗都"，高度概括了濮阳悠久的历史文化和崇高的历史地位。相传，颛顼为五帝之一，十五岁便辅佐黄帝处理政事，二十岁践帝位，建都于帝丘，死后葬于濮阳顿丘城门外广阳里。颛顼陵至今尚存于濮阳附近，因而濮阳有"颛顼之墟"之称。展园东面景点以颛顼乘龙为典故，通过"中华第一龙"的石刻表现颛顼遗都的历史。"中华第一龙"是仰韶文化时期墓葬的随葬品，距今约六千多年。与之同时出土的还有蚌壳摆塑的虎，这与传说中的黄帝乘龙而升天、颛顼乘龙而归四海相符合。

南面牌匾曰"河朔保障"，形象地说明了古澶州乃国家河朔重镇和天下形胜之地。西汉至北宋时期，澶州城居大河之要扼，这独特的地理位置对北宋的政治、经济和军事活动都有着巨大影响。展园南面景点是河石滩、古旧城墙及河水冲刷而成的沙积岩，用以追忆黄河故道的变迁。

西面牌匾曰"澶渊旧郡"，叙述了濮阳的建城史和名字的历史变迁。展园西侧矗立着一组澶渊之盟的情景雕塑及砖雕，体现着濮阳悠久的历史。

北面牌匾曰"北门锁钥"，说明了濮阳曾经的军事战略地位，叙述了历史上著名的澶渊之盟签署的历史背景。展园北侧矗立着一座烽火城楼，体现着濮阳曾经的重要战略地位。

展园以濮阳十字老街地标"四牌楼"为核心景观，唤起了我们对老城遥远的历史记忆，四周以古城墙为景，城垣斑驳，与园内古木花草相映生辉，营造了濮阳悠久厚重的历史文化氛围。

曹魏故都　宜居花城
——许昌园解说词

许昌又称莲城，位于河南省中部，是中原城市群、中原经济区核心城市之一。许昌打造了全国文明城市、国家森林城市以及中国花木之都的城市名片，是全国最大的花木生产销售基地。

许昌园位于河南展园区，占地面积约1800平方米，分为自然之路区、历史之路区、雨水收集区、荷叶汀步区四个景观区，打造了"曹魏故都""神垕古镇""宜居花城"三个主题。

独具汉风魏韵的魏阙和正中镂空的屏风门沉淀着许昌独有的气质。魏阙是古代宫门外高大的建筑，其下常悬挂法令，后来也用作朝廷的代称。屏风门是园区的入口，屏风门上刻有"许君以昌"，寓意人生事业昌盛发达。字体运用曹魏时期的小篆字体，隐含许昌厚重的历史感。

许昌园的主体建筑是春秋楼，它是仿照位于许昌市区的春秋楼建造的。春秋楼作为重塑地标建筑，是许昌三国文化的集中体现。许昌地处"中国之中，中原之中"的位置，春秋楼位于"许昌之中"，在曹魏故城的核心位置。

春秋楼古建筑群始建于元代至元年间，是关帝庙的主体建筑，砖木结构，重檐歇山式，殿顶覆盖绿色琉璃瓦，面阔三间，周围16根廊柱，楼上楼下均带回廊，青石柱础上雕有花鸟虫鱼和人物等图案。建筑结构严谨，造型大方，廊轩昂然，金碧辉煌，现为省级文物保护单位。

园内道路有三条，一是"历史之路，钧瓷之旅"，二是"自然之路"，三是"荷叶汀步"。

"历史之路"以人物雕塑的形式展示了6位许昌英杰：许姓之根许由、曹氏帝王曹操、楷书鼻祖钟繇、法家鼻祖韩非子、秦相吕不韦、画圣吴道子，增强了许昌的历史记忆感。"钧瓷之旅"是钧瓷窑变四色碎片特制拼贴而成的钧瓷釉变之路。钧瓷是宋代五大名窑瓷器之一，是河南许昌禹州市神垕镇独有的国宝瓷器，以独特的窑变艺术而著称于世。"历史之路"选取了四段极富寓意的色彩过渡，它由"红为贵"向上过渡到"天青月白似翡翠"，象征人生的多重境界，并传达了对人们由低向高步步递进的美好祝愿。

"自然之路"以鄢陵名贵蜡梅为骨架树，外围种植桂花、女贞等。许昌鄢陵蜡梅有着"梅开腊月一杯酒，鄢陵蜡梅冠天下"的美誉，蜡梅是中国特产的传统名贵观赏花木，有着悠久的栽培历史和丰富的蜡梅文化。游客在曲折园路中探梅、赏梅，展现了"宜居花城，蜡梅之乡"的风貌。

"荷叶汀步"选用代表莲城许昌的市花莲花和荷叶为造型，让人们亲近水源的同时记住"莲城许昌"这个称号。水中放置钧瓷烧制的陶罐，陶罐里面种植亭亭玉立的荷花，可以把钧瓷文化与莲城文化很好地结合起来。水中除了钧瓷陶罐，还有模仿汉魏时期玉环形状及纹理的圆环，圆环上红、青、紫三色釉片分别代表三国时期魏、蜀、吴三国，承古启今，极具许昌地方特色。

华夏巍巍，中原泱泱，大河万象，润泽许昌；瑰宝钧瓷，蜡梅之乡，花城许昌，许君以昌！

沙澧河畔　字圣故里

——漯河园解说词

漯河市位于河南省中南部，依托许慎文化资源的独特优势，致力于把漯河打造成为国内外知名的"汉字文化名城"。

漯河园位于河南展园区，占地面积约1600平方米，以许慎文化为设计主题，以小见大营造丰富的景观效果，分为"说文写经""沙澧人家""汉风遗韵"三大景观空间。园区以文字发展史地雕、许慎考究经典雕塑及弧形六书景墙等景观相结合点明设计主题，在园区制高点设汉风遗韵古亭，取魁星之意，共同演绎许慎文化。

说文写经区采用开放式空间布局，主入口采用景石的形式标记"漯苑记"。园区中心设计旱溪水系寓意"中原水城"，临旱溪布置许慎考究经典雕塑和六书景墙，北部绿地内设计"遣子献书"雕塑与其相呼应。

许慎考究经典雕塑刻画的是许慎撰写《说文解字》的场景，他不仅要准确地分析汉字的字形结构，还要追索汉字的本义本音，因此，在他的书案上，各类简帛书籍常堆积如山。此雕塑是对当时许慎艰苦劳动场景的再现。

文字发展史地雕以《说文解字》为设计内容，向游客展示文化发展历经的三个阶段：第一阶段为图画文字阶段，主要以甲骨文、象形文字的形式出现；第二阶段为表形文字阶段，以金文和小篆的形式出现；第三阶段为形音文字阶段，以隶书、楷书、草书等形式出现。三块地雕体现了《说文解字》在不同阶段的文字发展样式。

六书景墙是对《说文解字》内容的一种解释。景墙采用三段弧形的形式，中间景墙为《说文解字》主题，其他两块雕刻六书内容：指事、象形、形声、会意、转注、假借。小青砖和瓦片相结合体现出古朴的景观效果。

"遣子献书"雕塑为许慎托付其子献书场景：许慎经过近三十年不懈努力，《说文解字》终于成就，他命儿子许冲前往京城洛阳，将《说文解字》十五卷及《孝经孔氏古文说》一篇献给朝廷。

"沙澧人家"采用自然的布局形式，植物花镜与砾石结合形成的概念湿地寓意漯河为"中原水城"，园区内的旱溪代表湍湍而流的沙澧河，临水岸布置河畔人家。西侧设计有关漯河城市剪影的透雕景墙，是对漯河文化故事的再现。沙澧人家依河而建，采用仿古建筑，竹里河畔，百鸟鸣唱，花果飘香，代表着漯河的美好未来。

汉风遗韵区结合园区设计地形，园区最高处设置汉代韵味古亭，集灰顶、红柱、汉式飞檐于一体的汉风亭古朴、大气、稳重。汉风亭建于高显处，其背景为天空，形象显露，轮廓线完整，起到统领全园的作用。

景观亭西南角种植秋季植物，体现层林尽染的景观效果。"层林尽染"景观以黄山栾、银杏为基调树种，配以油松等常绿植物，营造秋季金黄的景观效果。

"河水湍湍，叙说沙澧风流豪隋；说经解字，传诵许慎功德遐迩。"欢迎四海八方的友人前来参观漯河园！

黄河明珠　天鹅之城
——三门峡园解说词

三门峡市自古是通秦连晋、承东启西的咽喉要塞，有"天鹅之城"的美誉。三门峡展园位于河南展区东北角，占地面积1000平方米，设计元素取材于三门峡的生态文明、历史文化和地域特色，主要体现在老子文化、仰韶文化、甘棠文化、虢国文化、地坑院文化和黄河文化六个方面。

传承华夏文明　引领绿色发展
——第十一届中国（郑州）国际园林博览会解说词

展园入口有一镂空的立体"虢"字，精准又含蓄地点明了园子的特色。"虢"字北侧紧接着映入眼帘的是一组水景，象征巍峨雄伟的三门峡黄河大坝，清澈的水由坝上逐级缓缓落下，水面中间"中流砥柱"赫然挺立。据记载，上古时代黄河三门峡河道狭窄处有一座山矗立在急流中，影响河水通行，大禹治水时把两边的河道凿宽，这座砥柱山就像一根柱子一样立在急流之中。

入得园来，拾级而上，便是一片平坦开阔的空间，耐候钢和青砖嵌合而成的景墙将整个空间分成内外两部分。外空间右侧是中英文的展园简介，旁边设置彩陶纹的蛋雕石凳，是仰韶文化即饕餮纹的一种象征。左前方是地坑院元素呈现出来的古朴山墙。地坑院，当地人称为天井院、地阴坑、地窑，被称为中国北方的"地下四合院"，现已成为三门峡浓厚地域特色的名片。

穿过地坑院，三五只天鹅在镂空的穹顶上自由飞翔，阳光透过镂空钢板洒在地上的镜面水池里，光影闪烁，扑朔迷离，代表着三门峡天鹅湖国家城市湿地公园——一处融生态、文化和人文地理于一体的自然山水景区。每年10月至次年3月，湿地公园吸引数万只白天鹅来此栖息过冬，三门峡市因此被誉为"天鹅之城"。四周围合的景墙上，通过镂空的雕刻展现了"禹开三门""虢国文化""紫气东来"和"甘棠遗爱"四个经典画面。

走出围合小院，视野豁然开朗，向西极目远眺，一片绿意正好。水系自中心的镜面水池缓缓流出，弯弯曲曲流经绿地，流过小桥，在入口跌水处跳跃而下，将欢快的心情和将天鹅之城的魅力注入每一位游客的心中。

展园选取具有地方乡土特色的苹果、棠梨、柿树、核桃等，结合常绿地被和观赏草，营造出自然亲和的绿色空间。

游园一周，您可驻足拍照留念，将三门峡这座"天鹅之城"在心间定格成一幅最美的画面。

汉墙宫苑　宛城花语
——南阳园解说词

南阳，古称宛，位于河南省西南部，因地处伏牛山以南、汉水之北而得名。南阳因"绵三山而带群湖，枕伏牛而登江汉"的独特地理位置，历来是兵家必争之地。南阳是中国著名的历史文化名城和山水名城，自古以来这里就以物华天宝，人杰地灵闻名于世。南阳是光武帝刘秀的发迹之地，成就了东汉近二百年的统治，创造了中国历史上第一个文化高峰。

南阳展园以"忆城·惜花·传文"为设计主题，构建自然、朴野、大气且极具南阳地域特色的氛围。"忆城"即以城作骨，将浓缩了南阳汉文化的夯土墙作为整个展园的骨架，形成城垣纵横、大气磅礴的布局基础。"惜花"即以花为底，通过墙面雕刻展陈南阳古老月季，同时将丰花月季、微型月季与树状月季进行不同方式的种植展示，充分体现南阳精湛的月季培育技术与花绽宛城的繁荣。"传文"即文作点缀，结合特色历史景观和月季特色，将"南阳五圣"点缀其中，升华景点品质和文化内涵。

南阳园最引人注目的就是它的夯土城墙。夯土墙是用木棒（亦称夯杵）将黄土用力夯打密实变硬而建造起来的。夯土墙广泛应用于古代城墙、宫苑建筑。据考古发掘，南阳市汉代城墙为夯土墙，是南阳宛城最为辉煌和古老的记忆。在南阳展园中采用夯土墙，充分展现了南阳汉文化的特色。

走进南阳园，首先看到景墙与展园主入口对景，对全园核心的一株古桩月季形成框景，同时带状水池延续向远方，形成南阳月季源远流长的美好意向。进入展园右行，鹅卵石铺就的路面，给游人一种漫步河滩之感。选取鹅卵石作为铺装材料，原因在于鹅卵石不仅方便易得，体现了节约、环保、绿色的理念，而且渗水性能好，又与海绵城市的理念相契合，此外，大面积鹅卵石铺路还能够营造大气磅礴之感。

坐在长椅上欣赏眼前的地形花坡，会不禁被它塑造的大气简洁的场景所震撼。月季的大规模种植体现南阳特色，与夯土墙形成鲜明对比，让人印象深刻。同时位于展园东边界的景墙也通过汉画拓片图谱的方式，展示着南阳特色古老月季品种。这里展示的有玉玲珑、银烛秋光、赤龙含珠、映日荷花、羽仕妆等月季品种。

南阳月季文化源远流长，博大精深，素有"月季花城"的美誉。据说当年光武帝刘秀登基前，为躲避王莽追杀，曾在如今南阳市卧龙区石桥镇的月季花丛中躲过一劫。刘秀称帝后，为感念月季仙子救命之恩，奉月季为"花中皇后"。南阳人自古就有栽培月季的优良传统，家家养花，户户芳香。历经千年风霜，南阳月季又绽放出别样的风采。目前南阳有中国最大的月季苗木繁育基地，南阳月季也因此成为南阳文化名片之一。

沿着园路继续向前，位于展园南边界的景墙上还装饰有汉朝风格人物壁画，身临其境，仿佛穿越时空回到汉代时光。景墙汉画的创意来源于南阳的汉画像石。汉画像石是南阳汉文化的一座丰碑。汉画石像是两汉时期装饰于墓室、墓祠、墓阙、摩崖等上，以石为地，以刀代笔，或勾以墨线、涂以彩色的特殊艺术作品。汉画生动地描绘了汉代社会的典章制度、衣食住行等，体现了两千多年前汉代物质文明、精神文明的高度发展，被誉为"一部绣像的汉代史""敦煌前的敦煌"。

越过高坡便来到树状月季展示区。树状月季为南阳月季特色品种，在众多月季种类和品种中独树一帜。树状月季，又称月季树、玫瑰树，是由一个直立树干通过园艺手段生产出来的一种新型月季类型，其高大树形弥补了传统月季高度的不足，能营造各具特色的月季景观效果。

南阳因其得天独厚的地理区位和自然条件，涌现出大量优秀历史人物，其中以"南阳五圣"最为著名，他们分别为谋圣姜子牙、商圣范蠡、科圣张衡、医圣张仲景和智圣诸葛亮。隐藏在月季丛中的"南阳五圣"雕塑也是园中一道亮丽的风景。在南阳展园中，通过古朴的夯土实墙、野趣的观赏花草和不锈钢材质的人物剪影雕塑，结合特色历史景观和月季特色，将"五圣"点缀其中，升华了景点品质和文化内涵。

让我们一起走进南阳展园，在汉墙宫苑中寻找尘封的历史记忆吧！

天圆地方　万源归德

——商丘园解说词

商丘，位于河南省东部，是华夏文明和中华民族的重要发祥地，享有"三商之源、华商之都"之称，现存有一座集八卦城、水中城、城摞城三位一体的商丘古城。

商丘展园位于河南城市展区，占地面积1900平方米。商丘在元代以后称"归德府"，园区设计秉持"天圆地方、万源归德"的设计理念，以园林隐喻商丘这座古城，通过立体园林、科技园林、生态园林等形式展现其生态古城的魅力。

商丘园是一座立体园林，它突破二维空间的边界，营造了三个标高的游览路径以及三条特色环线。展园以中心建筑隐喻古城，以水环隐喻古城的护城河，以天桥隐喻古城的城郭，以下沉的广场隐喻六座历史古城的叠摞。立体园林将"天圆地方"概念在竖向展开，打破了二维空间的局限。

展园分成三重标高空间：第一层是圆形的天桥标高，通过远眺借景周边展园；第二层是场地基本标高，形成"庭院深深深几许"的视觉印象；第三层则是下沉广场与地下展厅，是城摞城的抽象表达，不同主题的展厅展示了生活的多重属性。游客可以通过四条不同特色的路径向下进入"水中城"，借高差形成水帘回廊，水的声音放大水中城的意境，水的流淌暗喻了"万源归德"的设计理念。

商丘园是一座科技园林,它综合了声、光、电的科技展示手段,形成三个层次的文化展示:水影光廊展示、雾环天桥展示、环幕投影展示。三个标高的游览路径形成了科技园林的五条环线:天之环、古城画之环、水之环、科技之环和光之环。

首先是天之环,天桥鸟瞰全景园林,感受天圆地方的古城意象。其次是一层的古城画之环,在格栅墙壁上展示现存的商丘古城各个遗迹景点风貌,古城画廊与立体绿化相互穿插,趣味十足。再次是水之环,水环增加了雾森,更增添了几分神秘。在炎热的夏季,游客触手可摸水与雾,感受水中城的立体与生动。科技之环布置在下沉广场的地下展厅,利用环幕投影展示古城的前世今生以及未来的图景。最具特色的是光之环,在下沉的回廊之中,天光透过浅水面投射到回廊之中,镂空的文字随着光影书写在地面与墙壁之上,形成文化的投影。

商丘园是一座生态园林,它360度立体绿化,将海绵理念与水净化处理相结合,打造生态优美的海绵花园。在绿化设计上,展园内种植商丘市树国槐与市花月季,突出展览时节的季节特色。底层月季、柳叶马鞭草等植物以及山楂、柿树等树种形成园区的特色植物景观,也诠释了海绵城市的设计理念。

商丘园,一座园林一座城,一座园林是商丘厚重历史的最好隐喻,一座城是一幅跨越古今的历史画卷。

楚风豫韵　山水茶都

——信阳园解说词

信阳，古称义阳、申州、光州、申城，位于河南省南部，南与湖北接壤，素有"江南北国、北国江南""山水茶都"之美誉。

信阳园又名"山水园"，位于河南展园区，占地面积约1700平方米。展园以山、水、茶、树作为造园元素，以山水为骨架，以信阳特色植物为肌肤，以信阳文化为灵魂，构筑了城阳桂香、山水茗阳、河洲茶坊、南湖石苑、茶岭烟雨、浉河泛月等景观分区，来诠释山水信阳的风土人情。

入口景点为凤鸟虎座鼓雕塑，是以信阳市城阳城国家考古遗址公园出土的木漆器为原型，按照1:2比例放大的，它集雕刻工艺与染漆工艺于一身，堪称中国古代最精美的木漆器。此物依原件造型，以两只昂首翘尾、四肢屈伏、背向而踞的卧虎为底座，虎背上各立一只长腿昂首的鸣凤，背向而立的鸣凤中间，一面大鼓用红绳带悬于凤冠之上，上题"山水信阳"四字。

背靠凤架鼓，身处山水广场，足踏彩绘铜镜背纹地雕，原物古铜镜绘黑、银灰、黄三色盘结在一起的虺纹。虺是古代中国传说中龙的一种，常在水中，"虺五百年化为蛟，蛟千年化为龙，龙五百年为角龙，千年为应龙"。从中可以看出我国古代对龙文化的追求，也展现了工匠们的高超工艺。面前的山水轩牌匾上的"信阳"两字出自我国文化巨匠郭沫若先生手迹。

轻嗅桂香，向前来到了河洲茶坊，古有浉河水中夜舟泛月，今有河洲坊内观景品茗。正前方的青铜编钟是按原出土编钟等比例还原。全套编钟上装饰兽、龙等花纹，制作精美，音律较为齐整，音质优美。信步来到坊内的右侧，信阳特色产品展台上展示的有茶叶等。信阳毛尖被誉为"绿茶之王"，以其细、圆、光、直、多白毫、香高、味浓、汤色绿的特点而深受大众喜爱。

转而向茶坊的后壁行去，只见水面碧波荡漾，此景名为"浉河泛月"，是信阳古八景之一。浉河，古称訾水，原为小溪，古时有一位隐士居住此溪边，众人赞之为师，故称小溪为师溪，后改名为浉溪，齐建武二年改称浉水，后称浉河，现为信阳市的主要河流。浉河文化墙上刻有乾隆年间诗人张钺赋诗一首《浉河泛月》：

　　双桨荡晴川，蟾光散暮烟。珠随天山满，镜向水心圆。

　　桂席飞杯斝，兰言胜管弦。映淮良可赋，同时对清涟。

出了河洲茶坊，映入眼帘的是南湖石苑的渔水廊，一组水亭组合成水幕廊。沿路向前，四周雨雾缭绕，树木葱郁，茶香弥漫，切割成山形的片石在水中堆叠，共同营造了一个优雅的休闲场所。

"山绕绿城城砌玉，城裹碧水水飞虹"是对信阳的真实写照，而行走在信阳园内可谓步移景异，山在水中，榭在山中，廊在绿中，人在画中，不啻一幅优美的信阳山水画。

荷槐妙诉　羲皇故都
——周口园解说词

周口市位于河南省东南部，有6000多年的文明史，是伏羲故都、老子故里，有"华夏先驱、九州圣迹"的美誉。

周口展园位于河南展区西北角，占地面积1500平方米。园区围绕"羲皇故都、道教之源"文化展开，通过景观设计手法把传统文化组合进现代园林，表达了对周口历史的致敬与对未来的展望。

园区主入口以篆书"周"字为大门造型，入门沿主园路可直达"羲皇故都"

景点，主园路西侧为荷香园，东有槐树园，巧妙展示了周口的市花荷花与市树槐树。

园内南北主道上有五个不同字体的汉白玉石雕"福"字，有"步步有福"之意，还有五只蝙蝠组成的对称图案，象征"五福呈祥"。沿五福主道可通往园区内的核心"八卦台"，它由大理石雕琢，是对伏羲画八卦的立体化演绎。伏羲八卦符号是华夏文明的奠基性成果。四画八卦是伏羲最重要的文化贡献之一，也由此而产生了由伏羲而八卦、由八卦而《周易》的易经理论体系。

伏羲创设八卦，其中心思想是将客观世界看成是由无数矛盾对立又统一而构成的动态和谐的统一体。八卦符号的基本结构由阴、阳组成，八卦之中，乾卦象征天，坤卦象征地，震卦象征雷，巽卦象征风，坎卦象征水，离卦象征火，艮卦象征山，兑卦象征泽。天禀阳刚之气，地则厚德载物；阴、阳相生相克，相资相济。将八卦两两相叠，遂形成64卦384爻，成为一个变化无穷又极其缜密的庞大系统，是华夏文明区别于其他文明的标志之一。

八卦台北侧为园区内书法景墙，镌刻的是周口博物馆的镇馆之宝——最古老的老子《道德经》的残本。在道教中，老子被尊为道教始祖，是世界百位历史名人之一，存世的《道德经》对中国哲学发展具有深刻影响，是中国传统文化的重要组成部分。

主园路两侧蜿蜒曲折的卵石小径围绕出一高一低两个小园，展现了周口低地丘陵的地形特色，卵石小径则象征周口的母亲河沙颍河和贾鲁河。两个小园分别是荷香园和槐树园。荷香园有一弧形花架，花架中心则是一泓雾喷景观，铜雕荷花亭亭净植。花架上镂雕荷花诗，更增加了几分雅韵。槐树园中有一株百年古槐树屹立于浅丘之上，是一处适于远眺怀古、休憩纳凉的场所。

"云悠悠，水悠悠，周风商韵传千秋。三川交汇连天宇，华夏先驱在周口。

抓一把泥土攥出中华根脉，掬一捧甘泉炎黄热血奔流。唱不尽三皇故都情之歌。啊！我的周口，阅尽沧桑竞风流。……"一首流行歌曲唱不尽周口之美，欢迎远方的客人到周口做客！

皇家驿站 "驿"如既往
——驻马店园解说词

驻马店市位于河南省中南部，素有"豫州之腹地，天下之最中"的美称。地理位置扼九州之通衢，系八方之通达，自元代在此设立通邮驿站。

驻马店之名的由来可追溯至元代。据史料记载，因这里盛产苎麻，自汉代取名"苎麻村"，至元三十年（1293年），在苎麻村正式设驿建馆。横戈马上的蒙古族对马情有独钟，为了加强通信联络，元时在全国建立了1100多处驿站，约有驿马4万多匹，在辽阔的疆域上建立起驿路交通网。随着军政文信增多，朝廷在苎麻村建立起驿站。驿卒传递文信、紧急文书，一日可以飞驰320千米。《马可·波罗游记》中曾用形象的语言描述疾驰的驿卒："他们束紧衣裤，缠上头巾，挥鞭策马以最快速度前进。"明朝中叶以后，谐其音"苎麻驿站"渐成"驻马驿站"，再以后是驻马驿、驻马站，直到明成化十年（1474年）在此建庄，定名为驻马店铺，"驻马店"之名自此载入史册，沿用至今。

驻马店因驿站而兴建，因驿站而得名，因驿站而繁荣，驻马店园名为"皇家驿站园"正是取其寓意。展园采用中国古典园林方式对驿站文化予以体现，园中设牌楼、凉亭、驿阁等传统建筑，通过曲径小路、小桥流水、山石林木将其相互联系，展现古代信使长途奔波过街巷、疲劳乏力憩凉亭、星夜弹尘宿驿阁的奔波过程，反映出古代外访官员及通邮信使一路艰辛劳顿的情景。

驻马店展园的大门是以驿站牌楼的形式展现,"驻马店皇家驿站"的烫金大字赫然醒目。牌楼一般位于古代驿站的入口处,起到标示驿站位置作用的同时,也能很好地展示驿站的气势,迎接八方来宾。走进展园,入口铺装处采用青砖竖铺,花岗岩雕刻纹样,两侧是拴马桩水景,八股喷泉从拴马桩底部喷涌而起。拴马桩石雕是我国北方独有的民间石刻艺术品。它原本是过去乡绅大户等殷实富裕之家拴系骡马的雕刻实用条石,以坚固耐磨的整块青石雕凿而成,一般通高两三米,宽厚相当,二三十厘米不等,常立在农家民居大门的两侧,不仅成为居民宅院建筑的有机构成,而且和门前的石狮一样,既有装点建筑、炫耀门第的作用,同时还被赋予了避邪镇宅的意义,人们称它为庄户人家的"华表"。

拴马桩的尽头,两堵中式景墙门洞对两侧的景观起到障景和框景的作用。左右两侧门洞上方分别镌刻"碧涵"和"香远"。"碧涵"和"香远"之名取自两句古诗:"千仞撒来寒玉碎,一泓深处碧涵天""时有花落至,香随流水远",寓意景墙两侧美景如画。透过门洞,只见两侧景色各有千秋,左侧花开艳丽,右侧树木葱郁,果不负"碧涵""香远"的美名。

皇家驿亭位于园区的中心。驿亭是古时供传递公文的使者和来往官员休息之所。唐杜甫曾在《秦州杂诗》之九发出"今日明人眼,临池好驿亭"的感慨。坐在驿亭休息,环顾四周,左侧湖面波光粼粼,荷花盛开,右侧叠山泉水叮咚,顿感神清气爽。

跨过小桥,来到皇家驿楼。古代在驿站中建造的楼房称为驿楼。驿楼多出现于官驿,是驻守的官员签发文书、处理驿站事务和士兵维护治安的据点。皇家驿楼为明清时期北方皇家园林建筑风格,重檐歇山,黄瓦苏画。登上驿楼,园中景致一览无余。

遥想古代的驻马店,苍凉古道边苎麻丛丛,草木森森,一骑红尘,几蓬草尾,便是皇家快马、往来商旅歇脚处。古风悠悠,在漫长的岁月中古驿站慢慢演变成了一座城池。

让我们走进驻马店园，一起领略古驿站的风采吧！

愚公故里　济水之源
——济源园解说词

济源因济水发源地而得名，境内王屋山被道教誉为"天下第一洞天"。现代济源是豫西北门户，小浪底水利枢纽工程便位于济源境内。

济源园位于河南展区，占地面积1500平方米，以"天坛画卷"为设计概念，以天坛砚为原型，以水为中心，环置假山坡地，表现济源"山嵌水抱"的自然特征，力图描绘一幅展现济源自然山水、文化历史的壮阔长卷。

展园主出入口以济源"愚公故里"为开篇，由"愚公移山"浮雕、"天下第一洞天"、济水流域图三个元素构成。步入展园，广场正面的"愚公移山"浮雕映入眼帘，形成障景。"愚公移山"浮雕原型为徐悲鸿先生的作品《愚公移山》，所绘人物、动物，笔墨放纵，形神兼备。象征"天下第一洞天"的巨石假山位于"愚公移山"浮雕左侧，通过人工塑造的危耸巨石的假山和山洞，展现王屋山巍峨雄壮、仙人齐聚的景观。巨石中部为幽深曲折的山洞，洞口右侧为"天下第一洞天"石刻，以此表达王屋山"天下第一洞天"的崇高地位。巨石山岩左侧刻有济水流域图及济水简介，点明济源城市的起源。

穿过山洞，便到了展园的核心部分，中心水池如天坛砚台之砚堂，是园之核心，象征济水之源，有清济悠悠、天坛仙降、山高水长等几处富含济源自然人文特色的景点。清济悠悠源自白居易的《题济水》，该景点由"济渎池"喷泉水池、盛世怀古时间环和草坡花环三个元素构成。济渎池喷泉水池下沉2.5米，形成幽静独立的景观环境，水池与假山山顶形成了接近10米的落差，凸显了巨石假山的高大。喷泉水池以时间环环绕，时间环由36块石板组成，书写了济源悠久的历史，寓意时间循环往复，周而复始，济源不断前行，再创辉煌。水池和时间环被草坡花环包围，是对济源丰厚历史文化与优越自然环境的呈现。

天坛仙降景观在水池南部设置了假山一座，山高6.5米。山上嵌木质平台，分上下两层，上层称为"天坛仙降"，景名出自元丘处机《题天坛》；下层景名出自唐李白《上阳台帖》，称为"山高水长"。平台上设置石坐凳供游人休憩，平台背水一侧石壁上刻有《上阳台帖》全文。天坛仙降景观还包括展现济源悠久历史的创世文化轴及其他著名诗文碑帖的名人题刻。创世文化轴衔接于山洞与出入口广场"愚公故里"后，地面镶嵌女娲补天、大禹治水、后羿射日等神话传说，引发游人对创世文化的畅想。著名诗文碑帖选取了一系列历史名人赞颂济源的诗词，刻于假山岩壁之上。

走出天坛仙降，便到了一片花坡"茂草甘泉"，其名源自唐杜牧的《游盘谷》，通过一片落差3米的花坡呈现绿意。花坡顶部设置喷泉跌水，花溪及花坡是对济源的另一张名片世纪工程小浪底大坝的写意性表达，旁边有石刻"世纪工程，黄河明珠"。

"茂草甘泉"与次入口相互遥望，在出入口的石壁上刻有白居易的诗"济源山水好"，突显济源青山绿水，环境优美。

"天坛画卷"的济源园不仅传承了历史，更迸发出新时期的活力，引领我们传承愚公精神，勇往直前。

4

国际展园导览

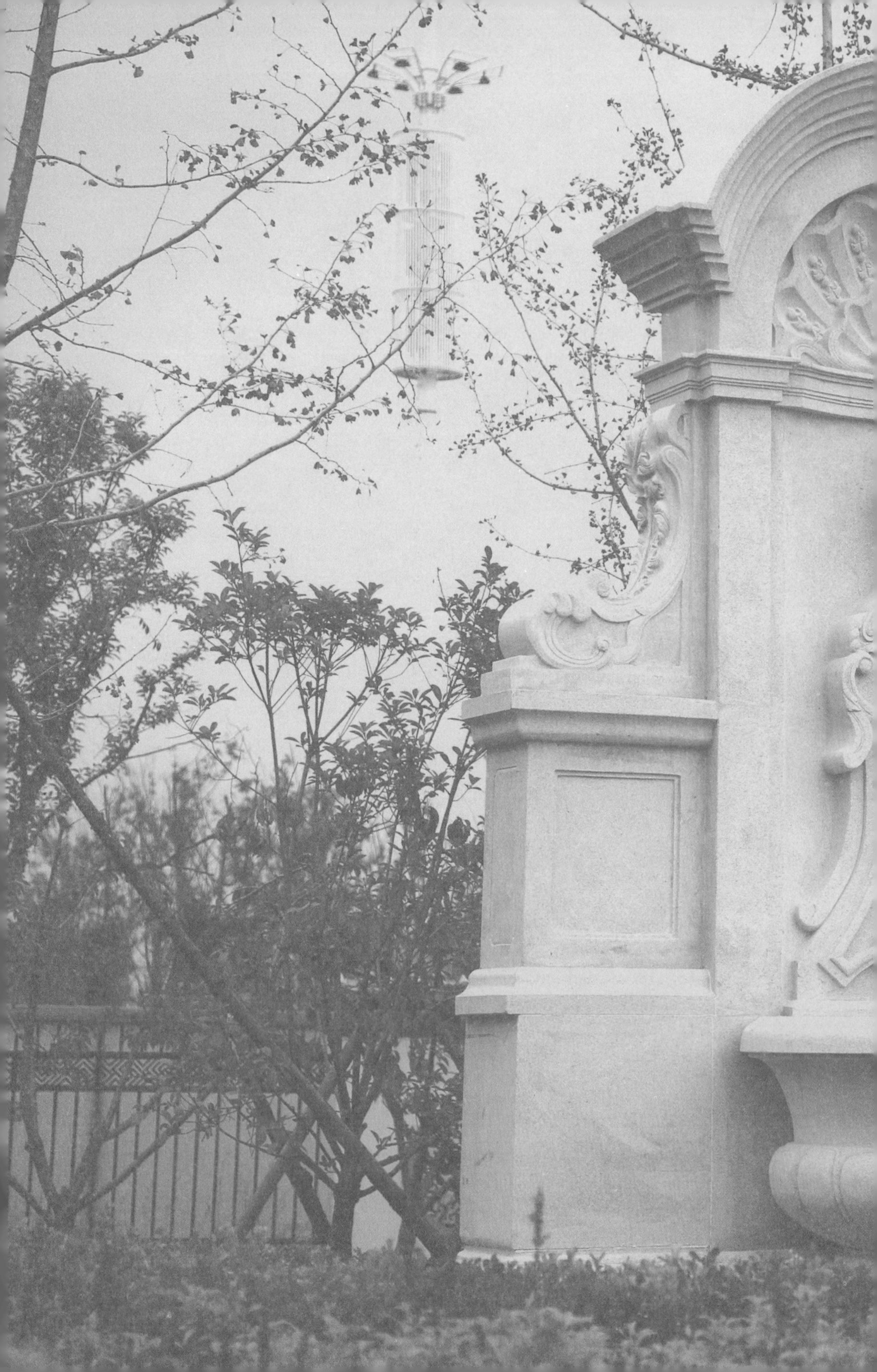

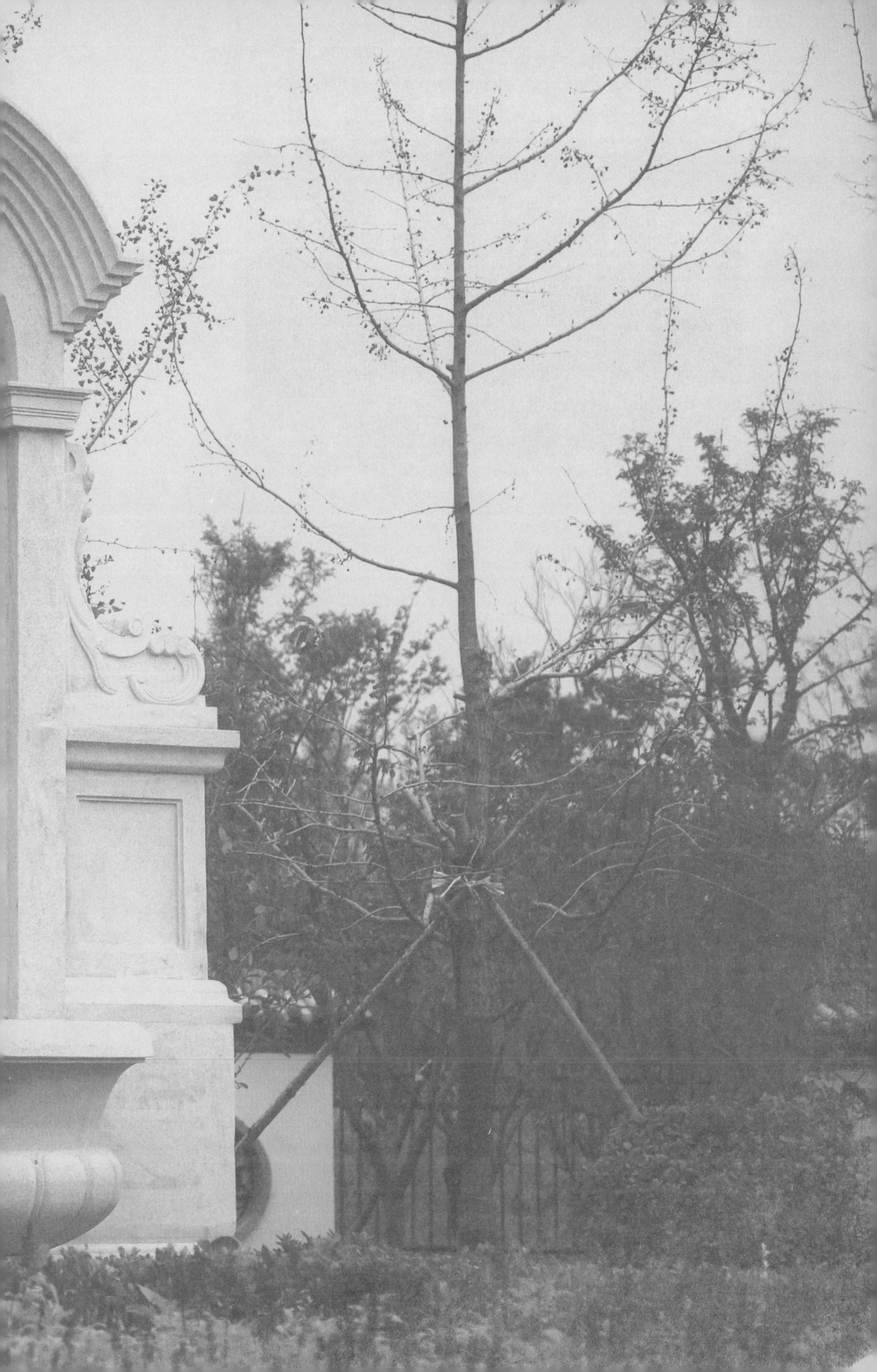

传承华夏文明　引领绿色发展
——第十一届中国（郑州）国际园林博览会解说词

"撒尿"顽童　园中精灵

——比利时西弗兰德省园解说词

西弗兰德省位于比利时西部，首府布鲁日，是比利时十大省份之一。西弗兰德交通设施发达，是欧洲重要的交通枢纽。

西弗兰德省展园位于园博园生态廊桥的北侧，占地面积约 800 平方米，呈不规则四边形。展园设计上依照欧洲古典园林形式，用石料把建筑和植物分离开，花圃、莲池按几何图形剪裁，整体布局呈严格对称。

园区以比利时著名的"撒尿男孩"雕塑作为主景点，体现比利时的文化与民俗风情。中心喷泉内的撒尿男孩名叫小于廉（又称小于连），是比利时首都布鲁塞尔的标志性建筑，被称为"布鲁塞尔第一公民"。光身叉腰撒尿的小男孩高约 53 厘米，微卷的头发，翘着小鼻子，调皮地微笑着，显得十分活泼可爱。雕塑姿态生动，形象逼真。小于廉撒尿故事源于比利时民间传说，有好几个版本，但流传最广的是：古代西班牙入侵者在撤离布鲁塞尔时，欲用炸药炸毁城市，幸亏小于廉夜出撒尿发现，浇灭了导火线。人们为纪念小英雄雕刻了此像。1698 年，小于廉首次穿上衣服。布鲁塞尔市中心广场旁的国王之家收藏有 800 多套世界各地赠送给小于廉的服装，小于廉因此成为世界上拥有最多衣服的小孩，他每天都在不断表演着时装秀。

围绕中心喷泉的四周配置四个模纹花坛，花坛内种植花草，中间灯柱直立，体现欧洲园林设计的规整和对称。中心广场周边运用碎石汀步、条石坐凳和观赏植物进行组合，营造了一个舒适的休闲空间，与中心广场的仪式感既形成对比又融为一体，以写实风格再现比利时风情。

智能医院　引领潮流

——匈牙利佐洛州园解说词

佐洛州是匈牙利西部的一个州，西邻奥地利，首府佐洛埃格塞格。

匈牙利佐洛州园位于国际展区，它讲述了人们一直以来在人性化及智能化设计上的种种努力，展示了智能科技带来的便利，塑造了医疗中心快捷舒适的生活场景，帮助人们以一个全新的视角去认识充满未来感的智能化医疗中心。展园在体现科技革新的同时，也着重强调对物理空间尺度的感受，营造了一种非凡的就医环境，为人们带来便捷化和人性化的医疗体验。

展园主入口两侧为郁郁葱葱的树林，沿主道可一览园区全景。沿主道前行到路口，一侧进入可以欣赏园区的生态与自然之美，另一侧进入可以直达园区主建筑，即智能化医院。

园区引入欧亚广泛种植的地方绿植，又因地制宜地将本地特有的树种植入园内，体现了中西合璧的设计风格。园区左侧有一条蜿蜒的小河，象征流经匈牙利境内的多瑙河。依河而建的木制小桥精巧别致，站立其上，令人心旷神怡。多瑙河位于欧洲东南部，发源于德国西南部，流经奥地利、斯洛伐克、匈牙利等10个国家，在中欧和东南欧的社会发展方面都发挥过极其重要的作用。

从右侧次道可步入园区主建筑智能化医院。该医院的设计不仅顺应了当今大数据与人工智能时代下的主流趋势，而且也是造园者对未来医院的美好憧憬。智能化医院内设有多种智能化设备，操作简捷，可供游人体验。灯光设计也颇有创意，实操性强，可以达到无死角全通透照明效果。多台信息查询一体机可供游人及时了解各方面信息。此外，医院内的智能化售货机能自动识别游人的年龄以推送对应年龄段的广告，游人也可自行选择购买小吃、饮料和各大体育赛事的门票等。

温泉之都　多彩之城
——捷克玛丽亚温泉园解说词

玛丽亚温泉市位于捷克西部，靠近德国，是捷克的第二大温泉疗养地。19世纪初，修道院医生约瑟夫·奈尔发现此地泉水及矿泉泥富有疗效，就在修道院僧侣资助下修建起这片疗养地。1808年此地以德文命名为玛丽亚巴德，翻译成捷克语就是温泉之意。

捷克玛丽亚温泉园位于国际展区。玛丽亚温泉市最显著的特征便是闻名遐迩的温泉和色彩艳丽、充满活力的街道，因此，展园设计紧扣色彩和泉水两个元素，组合成"三泉三彩"特色景观，通过艳丽的红（瓦）、白（墙）、蓝（清泉）三种色彩的精妙处理，让游人感受到这座小城的新鲜活力。

园区入口为第一泉——"氤氲雾泉"景观。景观设计以水池、喷泉、雾森为元素，塑造温泉之城给人的第一印象，突出玛丽亚温泉市因泉建城、以水闻名的形象。

进入园区正中即是第二泉——"古泉银瀑"景观。吟泉喷泉是玛丽亚温泉市古老、经典的景观，是泉城的标志，跃动的喷泉随着音乐起舞，银色的水花散落空中，显得自由而灵动。

园区第三泉是"十字温泉"景观。十字温泉是玛丽亚温泉市最著名、最古老的温泉，装饰有宗教十字的穹顶和72根廊柱组成的亭子建于温泉之上。园区主体建筑内突出十字温泉的地方特色，将玛丽亚温泉市的温泉文化引入到景观内，同时将极具玛丽亚温泉市特色的矿泉水及其他文化商品引入。

园区设计将色彩运用到了极致，采用"惊红有致""五色巴洛克""绣绿添韵"等"三彩"贯穿整个园区，使整体效果达到最佳。

"一彩"——惊红有致：该景观通过高低错落的屋顶景墙，以透视的角度展现出鸟瞰该市时惊艳的红色屋顶风情。穿梭在白墙红顶之中，仿佛置身于玛丽亚温泉市的街巷上，聆听着来自该市最具特色的温泉诉说，时代感十足。

"二彩"——五色巴洛克：该景观通过精巧细致的巴洛克景墙，使游人处于深厚的文化积淀中。立体景墙设计更是给人以丰富的想象力。巴洛克建筑的特点是外形自由，追求动态，喜好富丽的装饰和雕刻及强烈的色彩，常用穿插的曲面和椭圆形空间。

"三彩"——绣绿添韵：采用刺绣手法种植花坛和立体植物墙，更显欧式的严谨和细致。外围自然式种植大规格朴树、乌桕等树种，与大环境相融。内部规则式种植白蜡、高杆卫矛树、红叶石楠等，体现欧式园林的精致与典雅。枝繁叶茂庇护整个园区，也突显玛丽亚温泉市的厚重古韵。

多彩泉城玛丽亚，魅力之国捷克欢迎您！

彩虹之国　海角印象

——南非开普敦园解说词

南非的立法首都开普敦为南非第二大城市。这座位于天涯海角的名城，不仅面朝波光粼粼的大西洋与印度洋海湾交汇处，背枕乱云飞渡、形似巨碗的奇山，更是被当地人誉为"开普医生"的东南清新强风掠过。

南非开普敦园占地面积约800平方米，主题定为"开普敦印象"，分为"丛林印象"（丛林里的鸟巢）、"海角印象"（流光海岸）、"沙石印象"（阳光下的砾石）三部分，展现开普敦的自然风情。

园区主体构筑物位于"丛林印象"功能分区，造型的设计理念来源于南非丛林中的鸟窝，并结合当地特色的多肉植物景观区构建而成。主骨架采用钢结构，刷木色漆，其余装饰性栅格采用木条和竹条，顶部采用藤草编织的盖顶，模拟鸟巢。鸟巢尽头悬挂一个小品，外轮廓选用具有南非特色的钻石形状，上面刻有大象的浮雕图案，带给游客身临其境之感。

开普敦园以鸵鸟为设计元素，在各个分区的节点上均设计有鸵鸟图案。主构筑物的滑梯也采用褐色与银灰色钢板材质，镂刻出鸵鸟图案和城市英文名称，入口小品选用不同材质的铸铜造型鸵鸟，搭配城市标识，打造独具特色的热带草原风情。

"海角印象"功能区展现的则是开普敦的山水之美，为游客再现了好望角的美丽风光。非洲西南端著名的岬角好望角，带给了世代船员与游客美好的期望。"海角印象"强调山水配合，相得益彰。有着"海角之城"之称的桌山，是南非的平顶山。这座形如巨大长方形的奇石山顶长逾3千米，由此西望大西洋，南望好望角，往北则是绵延起伏漫无边际的非洲大陆。

"沙石印象"功能区旨在为游客展现热带动植物景观。在开普敦大陆，好望角自然保护区海岸线长达40千米，在这片区域内生活着各式各样的动物。同时，保护区内空气清新，一片葱绿，有植物1200余种。开普敦所拥有的国家植物园，是第一个被列入世界物质文化遗产名单的植物园。

开普敦园将独特的自然奇观浓缩于方寸之间，让您不出国门也能体会到南非的热带风情。

民居庭院　朴实自然
——韩国仁川园解说词

仁川为韩国西北部的一个广域市（相当于中国的直辖市），是韩国第二大港口城市。韩国的古典园林深受中国文化的影响，在很大程度上吸收了唐代建筑的形式和营造技术，在今天的韩国古典园林中，依然可以清晰地看到中国唐代园林风格的痕迹。

韩国仁川园占地面积约1000平方米，是以韩国传统私人住宅花园为主题的庭院设计。展园由韩国传统园林元素构成，采用二进院的结构布局，内院是建有韩国传统亭子的庭院，外院是小型假山花园，通过围墙、池塘、假山及亭子等设计元素，运用天然材料表现出朴实而自然的园林风格。

仁川园的大门别具特色，内院和外院均选用古朴自然的木质四柱门，上铺青灰色的瓦片，不算顶部，门的高度仅有1.7米左右。这是按照韩国的传统习惯来设计的，进别人家里要弯腰鞠躬，以表示尊敬和礼貌。

展园的围墙是鹅卵石镶嵌的山石花墙，较为低矮，高度仅为1.5米左右，与大门的高度和谐一致。石墙上的卵砾石料质地光滑，又有强烈的色彩明暗对比，不仅能艺术地再现自然，而且能表现民居庭院崇尚自然的园林意境。

内院由传统意义的池塘、四角亭子与小型假山花园构成。其中园内的四角亭子名曰"云影亭",其名出自嵩阳书院东北逍遥谷的"天光云影亭"。云影亭古朴大方,雅致不俗,假山上的石头没有过多人工的雕刻修饰,而是大自然鬼斧神工的杰作,体现了韩国传统园林崇尚自然无为、与自然和谐相处的理念。

外院的主体建筑是韩国的传统亭子,名为"尚同岱"。在韩国的园林之中,亭子占据了非常重要的地位,它几乎具备了传统建筑的所有特征,是最美的古典建筑,这也是仁川园设计两个亭子的原因所在。园内的建筑朴素低调,建筑的颜色一般都是类似木材的原色,没有雕梁画栋。这也是园林艺术与道家思想充分结合的体现。

如果你厌倦了华丽的亭台楼阁,那么你或许会爱上质朴含蓄的韩国庭院;如果你看惯了现代城市的高楼大厦,那么你不妨感受一下韩国传统庭院的自然与质朴之美。

紫薇海滩　雕塑花园
——美国默特尔比奇园解说词

默特尔比奇是美国南卡罗来纳州霍里县的一座海滨小城,因植被高大常绿被誉为"矮棕榈之州"。同时,这里还是美国的高尔夫之都、沙滩之城。舒适的亚热带气候、绵延的优质海滩,以及齐全的娱乐设备,使得默特尔比奇成为美国重要的度假中心之一。

美国默特尔比奇园占地面积约700平方米,分为美国南方特色植物园、沙主题园和雕塑花园三个片区,设计了下沉式植物园、视听室、沙园互动、雕塑等一系列具有默特尔比奇风格的园林景观,同时充分发挥地形优势,通过上行入口创造美国南方典型的林荫大道风景游览体验，以及仿制雕塑公园的作品，结合植物创造出具有默特尔比奇景观的园林。

站在默特尔比奇园区树荫下的入口步道，园区首先展现的是美国南方特色植物园。植物园以紫薇树为视觉焦点，通过通廊引导人们上行进入场地，而后折向下行进入下沉植物园，又在通廊内部沿线布置介绍默特尔比奇的宣传片，引导人们逐步了解默特尔比奇的文化。这种设计仿照了美国南方特有的林荫大道景象，浓密的橡树大道垂下许多寄生的铁兰，同时利用树枝编织的廊道，投下斑驳的阳光，营造出林荫大道的意向。

走过林荫大道，便到达园区第二个功能分区——沙主题园。站在花园最北端，望向对面公共区域的河道，视野由窄变宽，利用地块位置优势，视线轴与最长的河道景观对应，升高的沙地配合开阔的河景，配以舒适的躺椅，体现了海滩风情。默特尔比奇的英文含义是"紫薇沙滩"，这也是园区想向游客传达的主题。

雕塑花园功能区是以布鲁克格林花园为原型而建，这个公园主要是由雄伟壮观的雕塑及各种美丽的四季花卉组成。每年布鲁克格林花园为各年龄层的人士举办各种旅游观光及展览活动，以体验大自然的美妙与乐趣。

欢迎大家来到默特尔比奇花园，也希望大家有机会去美国南部体验默特尔比奇迷人的风光。

城墙蜿蜒　流灯溢彩
——韩国晋州园解说词

晋州市位于韩国庆尚南道的西南部，是韩国文化、教育、艺术中心之一。晋州是一座秀丽幽雅的古城，共有文化遗址72处，如矗石楼、岭南布政司、义岩等，城中宽阔的南江静静流淌，一座多拱大桥横卧清波。

晋州园取名"流园"，寓意流动的江水和流动的华彩。展园从晋州的地域文脉抽取山、水、矗石、城墙、古井和流灯等多个元素融入设计：通过像素化的场地布局，模拟石头的堆叠、地形的起伏；通过抽象的景观小品，架构祈福的井亭、散落的流灯；通过场地的分化，开辟河流的空间，呈现浅水的倒影。踏河之路、穿行之路、互动之路和登高之路四条流线串起了流园的风景。

展园主入口处架构祈福的井亭，外围是几何形的井架，古井上方悬挂的鼓是许愿的标志。朝鲜族有着独特的鼓文化，因为朝鲜族是一个能歌善舞的民族，在舞蹈当中鼓作为乐器有不可替代的作用，因此鼓就成了这个民族的吉祥物。韩国人民自古以来就有把鼓悬挂在家中的传统，用来辟邪祈福，象征着平安吉祥。

片植的城墙环绕整个展园，高城墙构成登高之路，沿着矮城墙是互动之路。高城墙中断的一个不锈钢构架作为登高之路的制高点。矗石砌的城墙给人以历史感，城墙矗石元素的设计灵感来源于晋州特色建筑"矗石楼"。矗石楼被称为是韩国岭南地区最美丽的楼阁，也被视为晋州市的象征。城墙外环绕着像素化的种植池，给石砌的历史感增添了几分自然的活力，形成历史与自然密切联系的独特景观。

展园内的水景观是抽象化的南江。晋州是韩国南部一座依山傍水的千年古城，绕城而流的南江无言地诉说着可歌可泣的抗倭历史故事。展园内的水景观贯穿整个展园，形成了四条踏河之路。

展园水面上几何结构的灯笼灵感源于"流灯"。南江流灯节历史源远流长，成为独具晋州魅力的文化活动。人们将成百上千只点亮的灯笼放在南江上让其随波漂流，以悼念在1592年晋州城战役中牺牲的将士。这一传统延续至今，逐渐发展成现在的庆典仪式。

风光如流，流过千年，在矗石城内流转的是古井渊源，在矗石城外流

传承华夏文明　引领绿色发展
——第十一届中国（郑州）国际园林博览会解说词

转的是灯火阑珊，在矗石城上流转的是岁月千年，在矗石城下流转的是南江无语。欢迎各位参观晋州园，走千年风雨路，听鼓声雷动，观灯火阑珊。

自然清丽　野趣横生
——白俄罗斯莫吉廖夫园解说词

莫吉廖夫州位于白俄罗斯东部第聂伯河畔，距首都明斯克200千米，东部同俄罗斯交界，交通便利，是白俄罗斯共和国工业最为发达的州之一。

白俄罗斯莫吉廖夫园整体设计以生态和静态的自然观赏景观为主。入口设计有木质的小廊架作为植物的翻爬架，散发出自然的气息。园区中心以自然景石为主景，配合鹅卵石和自然面石材的园路，向游人展示了白俄罗斯生态之美。

来到莫吉廖夫园，首先迎接我们的是路两边的小廊架，上面被各种植物的绿叶所覆盖，远远望去，似乎来到了绿蔓植物的城堡，走近仔细看，绿叶上还有各种各样的无名小花。这也正是小廊架的魅力所在，虽然没有刻意栽种绿植，却有各种无名花朵绽放，因而尽显自然生态之美。

绿色廊架的后面种植着大片的白桦树，这是白俄罗斯的主要树种之一。白俄罗斯拥有近800万公顷的森林，森林覆盖率为39%。树种以针叶林为主，主要树种有白桦、云杉、橡树等。占地面积1165平方千米的别洛韦日自然森林保护区在欧洲享有盛誉。

走在洁白如玉的鹅卵石铺就的道路上蜿蜒前行，展园正中央有用白色鹅卵石和青色砾石围成的大圆环。大圆环内有一棵绿植，枝叶茂盛，似一把撑开的大伞为游人遮风避雨。大圆环的左右两侧各有一个小圆环，从高空俯瞰，三个圆环像是用线串起来的圆形泡泡，三者之间相互联系，共生共荣。在左右两个圆环的旁边摆放着木质摇椅,供游人休息。此外,在左右两个小圆环之间还有一条蜿蜒小径,路旁散落着大小不一的石头,有的已经淹没在了草丛里。漫步在小径上,自然野趣横生,让人不禁流连驻足。

在展园的植物种植上,虽以自然野生植物为主要意境,但是一盆盆圆形绿色盆栽与展园三大圆环相映成趣。展园的花树以紫荆为主,因开花时叶尚未长出,所以与园中的常绿松柏配植,清丽可爱,整个园区显得生机勃勃,富有生命力。

让我们走进白俄罗斯莫吉廖夫园,踏着鹅卵石铺就的小路,伴着紫荆花的阵阵芳香,开始一场野趣横生的自然之旅吧!

奇特之地　想象之园

——罗马尼亚克卢日－纳波卡园解说词

克卢日－纳波卡,简称克卢日,罗马尼亚西北部城市,克卢日县首府,是罗马尼亚文明的摇篮,有2000多年历史,达契亚时期成为市镇,称纳波卡。

罗马尼亚克卢日－纳波卡园位于国际展区最西边,紧邻园博园西入口,它以鸟类飞翔为设计理念,通过展示羽毛、鸟冠、飞翔、时间、空间、运动等元素的复杂关系,呈现流畅、灵动、自然的立体空间,使游客产生共鸣,令人心驰神往。

自古以来,"鸟生蛋"与"蛋生鸟"就是恒久争议的话题。园区正是以此为灵感,将创意巧妙地融入园区设计中。

园区入口即可看到左右两处特色景观,左侧似"鸟蛋",右侧为"飞鸟"。左侧的椭圆形建筑,钢架结构,酷似"鸟蛋"。进入建筑内部,抬头便可仰望蓝色天空,夜晚更可欣赏灿烂星空。值得一提的是,鸟蛋形状又似罗马尼亚的国石琥珀，体现了浓郁的地域特色。罗马尼亚人非常喜欢琥珀，并且情有独钟地把琥珀奉为国石。罗马尼亚出产的琥珀颜色丰富，种类居世界之冠。琥珀颜色有深棕色、黄褐色、深绿色、深红色和黑色等，几乎都属于深色系列，原因是琥珀矿区含有大量的硫黄沉积物，天长日久，这些硫化物对琥珀的颜色浓重起了很大的作用。此外，多数的罗马尼亚琥珀中含有煤和黄铁矿成分，也会加深琥珀的颜色。正因为罗马尼亚琥珀的颜色变化多端，色泽鲜艳，20世纪初期曾深受人们的青睐，价格高居欧美琥珀市场首位。

右侧的建筑是由五只钢质"飞翔的翅膀"组成，象征着翱翔于天空的飞鸟。该设计将羽毛、飞翔、灵动、时间、空间、运动等元素融为一体，将造园绿植曲化为鸟冠，形象而生动，是造园之精华所在。

园区周围种植棕榈树及地方树种，主道设置长排座椅，方便游人休憩。俯瞰整个园区，不但能观赏"鸟蛋与飞鸟"造型的灵巧绝妙，更能感受造园者对这座城市、这个国家繁荣昌盛的美好希冀。

这里是奇特的罗马尼亚克卢日－纳波卡园，这里是激发你无限想象之地，来吧，远方的朋友，请停下脚步欣赏它的美！

呼啸山庄　高山花园
——奥地利因斯布鲁克园解说词

因斯布鲁克，意为莱茵河上的桥，是奥地利蒂罗尔州的首府，坐落在阿尔卑斯山谷之中。阿尔卑斯山顶终年被白雪覆盖，是国际著名的滑雪胜地。

奥地利因斯布鲁克园又名"呼啸山庄"，意为中国的高山花园，取绵延起伏之意。展园占地面积800平方米，是一个花丛树篱围绕着的文化空间，是蒂罗尔文化和自然景观的浓缩。展园以植被、山脉、文化展示为主线，以全景板凳、喷泉、池塘、土窑等元素共同塑造了这个具有当地特征的阿尔卑斯山花园。

展园用重量轻、易开式的钢结构框架塑造出蜿蜒起伏的阿尔卑斯山脉，沿途种植雪松、西洋杉等高山植物。高原是蒂罗尔地貌的一种典型特征，从因斯布鲁克的谷底到阿尔卑斯山的山峰有2000米的高度差，为了游人更切身地感知高山的尺寸、性质和结构，展园按照1∶300的比例将因斯布鲁克境内的山脉浓缩成23米×28米×7米的尺寸。通过在钢架上标注当地海拔的方法，让游人联想到相应海拔的植被。通过建造多条幽径，使得所有海拔和地形特征中的多样化动植物在一个平面中呈现。

展园地下设置多功能展示厅，演示了因斯布鲁克旧城区、旅游景点、风景、民俗、奥运会等当地特有的印记。这里的展示台可以了解当地信息并可参加各种有趣的游戏。特殊制造的动物群落模拟再现了当地动物的声音，给人一种身临其境的感觉。上行坡道一路上展示了全景板凳、蒂罗尔休息室、喷泉和池塘、土窑等移动式蒂罗尔小屋的文化经典元素。

"呼啸山庄"是田园诗般的休闲场所，是阿尔卑斯山区文化与自然多样化的真实缩影。田园牧歌般静谧的环境，让您在方寸之间尽情感知蒂罗尔及因斯布鲁克的特有文化印记。

返璞归真　温馨自然

——加拿大本拿比园解说词

本拿比位于加拿大不列颠哥伦比亚省大温哥华地区的中心。本拿比地形变化多端，地势从海平面逐渐升高至北部高360多米的本拿比山，遍布

传承华夏文明　引领绿色发展
——第十一届中国（郑州）国际园林博览会解说词

其间的则是山丘与湖泊，两大淡水湖本拿比湖和鹿湖似珍珠点缀在市区，为这座花园城市增添了幽静的气息。

加拿大本拿比园以"温哥华家园"为主题，建造了一个木质的别墅。温哥华是一个把现代都市文明与自然美景和谐汇聚一身的美丽都市，有着"全球最适宜人类居住城市"之称，木材加工业历史悠久。

木式结构房屋相对于砖混住宅有许多优点：一是舒适性，生活在木结构住宅里，仿佛置身于大自然。二是设计灵活，由于建筑材料自身的特点，木结构住宅的造型和室内布局设计十分灵活，可以发挥设计者的想象力，展示入居者的个性。三是保温隔音，木材和石膏板都是热的不良导体，二者结合的框架结构形成相对封闭的室内空间。四是防潮防腐，木结构住宅具有良好的防潮防腐能力，即使是建筑在海边的住宅，其坚固耐久性也是经得起时间考验的。

展园的入口处设置了木质框架，上面写着"温哥华家园"。沿路前行，便来到了一座木质别墅前。这座纯木结构的建筑和内部陈列的温馨家具平衡了古老的传统和现代的舒适感，整个空间弥漫着轻松的氛围，带给我们一种返璞归真的感受。把它抽离出来放在独特的环境中，作为贴近自然的空间城市碎片，可以让人从快节奏的城市生活脱离出来，停下脚步，获得心灵上的片刻宁静。

浪漫花园　唯美爱情
——奥地利巴德伊舍园解说词

巴德伊舍是奥地利的一座温泉小镇，位于上奥地利州南部的萨尔茨卡默古特地区中心、特劳恩河河畔。自从19世纪以来，巴德伊舍小镇就成为上流社会的矿泉疗养之地，现已发展为著名的旅游胜地。

奥地利巴德伊舍园占地面积约为 800 平方米，呈长方形，位于园博园国际展园区。展园以"展现音乐魅力、融合地域文化"为设计理念，以奥地利皇帝弗兰茨·约瑟夫一世和茜茜公主动人爱情故事发生地镜亭为载体，辅以喷泉、帝国长椅、花园小径，共同营造具有奥地利特色风貌的传统园林景观环境，展现奥地利浪漫唯美、高雅大气的文化氛围。

展园以绿篱、多年生椴树作为围墙，创造出一种漫步在巴德伊舍花园中的意境。一入园游人便会被面前五彩缤纷的花园所吸引。花园为长方形，呈两条中轴线对称，花园的中间是草坪，四周种有季节性植物作为装点。

园区有两条游园路线。向右踱步而下，旁边是错落有致的喷泉，喷泉由锥形与半圆形组合而成，水珠晶莹剔透，水面碧波荡漾。周围有四个置碑环绕。碑上肖像刻画的是小约翰·斯特劳恩、约翰内斯·勃拉姆斯、安东·布鲁克纳和弗兰茨·雷哈尔，他们是曾居住在巴德伊舍的著名奥地利作曲家，创作出了《皇帝圆舞曲》《勃拉姆斯摇篮曲》等多首世界名曲。坐在白色长椅上，可听水声潺潺，品管弦乐曲，赏繁花似锦。

向左踱步而下，就到了镜亭。镜亭为八柱单檐攒尖顶建筑，整体由木头搭建而成，8 根柱子支撑起穹顶，下置长椅供游人休憩。巴德伊舍小镇是茜茜公主和弗兰茨·约瑟夫一世一见钟情的地方。伊丽莎白·阿马利亚·欧根妮被家人与朋友昵称为茜茜，1853 年，茜茜随母亲与姐姐海伦赴上奥地利的度假村巴德伊舍，原定计划是海伦应当在那里引起弗兰茨的注意，但出乎意料的是弗兰茨竟然爱上了 15 岁的茜茜。二人从此走上相爱之路，踏入幸福的婚姻殿堂。

坐于帝国长椅上，背后是茜茜皇后和弗兰茨皇帝订婚时的画像，像是在向游人悄悄讲述他们的浪漫爱情故事。两棵挺拔的泡桐树屹立于椅子两侧，为游人带来夏日的清凉。

展园的整个布局呈现严格的几何图案，力求体现出严谨的理性。情感与理性的交织，打造出了这座具有巴德伊舍特色风情的欧洲古典园林。

登高望远　静悟人生
——斯洛文尼亚马里博尔园解说词

马里博尔是斯洛文尼亚第二大城市，经济、文化、工业和教育中心，位于德拉瓦河畔，德拉瓦河与波霍列山的相交处。

斯洛文尼亚马里博尔园以"生活在过渡地带：重新思考流动性的景观"为主题，河流将园区划分为水平（地面景观）及垂直（带全景步行斜坡道的展馆）两部分。斜坡的高度代表生活在边缘地带（指阿尔卑斯山和潘诺尼亚平原之间的过渡地带），打造以斯洛文尼亚独特地理位置为导向的景观。

走进马里博尔园，一条河流静静流淌，清澈的池水，鱼儿在水中游走，温婉而又富有魅力，似乎在诉说着马里博尔悠久的历史。

河流的右侧是全园的主体建筑——带全景步行斜坡道的展馆，设计灵感来源于斯洛文尼亚多样的丘陵。斯洛文尼亚虽然是一个小国，但它却是欧洲唯一一个国土涵盖阿尔卑斯山、地中海、潘诺尼亚平原和喀斯特地区等多种地形的国家。斯洛文尼亚大部分地区为丘陵，且丘陵的向阳坡上种植着葡萄树。

据说世界上最古老的葡萄藤就生长于马里博尔市中心。这株叫作"詹托福卡"的老藤已经生长了400多年，作为世界上最古老的葡萄藤，被吉尼斯世界纪录收录。令人惊叹的是"詹托福卡"的老藤还能出产酿酒葡萄，尽管年产量极低，大概在75—130磅，可用于酿造100瓶250毫升的小瓶装葡萄酒。这些限量版的葡萄酒并不是我们普通大众所能接近的，只有该市的 VIP 客人才能有幸一品这株百年老树的风味。曾听品尝过由这株老藤葡萄酿制的葡萄酒的人说过，其实这个老藤葡萄酒的口感略显涩口难饮。然而对于人们来说，口感风味已经不再是品尝的重点，人们更多的是怀着对沧桑的老藤葡萄树的无上敬畏，感受老藤葡萄酒带来的历史沧桑感，向伟大的生命致敬。

沿着斜坡前行，在到达最顶峰平台的过程中，不仅可以欣赏展园的变幻之美，还可以在这一步一步前行的过程中思考人生。这里的每一级台阶都可以代表一种人生阶段，一直往前走，在追寻梦想的过程中也不要遗忘路边的风景。在梦想实现的同时，也会收获一路的风景。

来到展馆最高平台，一排类似于的风车装置在随风旋转，似乎听到了风车的呢喃细语。连接平台有凸出的玻璃栈道休息区，坐在玻璃栈道的摇椅上，犹如在空中悬浮，一伸手几乎就能抓住云彩。玻璃栈道休息区下方便是展厅了，游人可在这里领略马里博尔别样的异国风情。

河流的左岸，是一连串似不规则字母图案的石凳，游人不仅可以在此驻足休息，如果有兴趣，还可以绕着散落的石凳走迷宫，别有一番情趣。

让我们一起走进马里博尔展园，伴随着流动的河流，踏上斜坡，开始一场静悟人生的游园之旅吧。

蝴蝶花园　生态简约
——意大利都灵园解说词

都灵，意大利第三大城市，皮埃蒙特大区的首府，位于波河上游谷地，海拔 243 米，气候冬温夏热，是欧洲最大的汽车产地，也是历史悠久的古城，保存着大量的古典式建筑和巴洛克式建筑。

意大利都灵园占地面积800平方米，整个园区抽象凝练、生态简约，给人一种单纯明快的视觉效果。展园主建筑是一座以蝴蝶为造型并经过现代设计理念加以提升与抽象而成的建筑，建筑顶部呈两个拱形，造型轻盈灵动，周围以玻璃和钢材为立面，可以清晰地看到建筑内部。建筑的顶部采用植物为顶，在顶部的草坪上种以花色不同的两种植物，形成蝴蝶的双翅，从空中俯视，宛如一只体态婀娜的蝴蝶飞舞在丛林中，欢迎四面八方远道而来的客人。

蝴蝶建筑的右侧有一水池，前面中央入口处矗立一个椭圆形喷泉。喷泉开启时，一簇簇水流往外喷射，仿佛是一朵盛开的荷花，水珠从空中散落，在给人带来视觉享受的同时，也带来了一抹清凉。水景更衬托出蝴蝶建筑的轻盈飘逸之美。

这便是意大利都灵园，翩翩起舞的蝴蝶带你穿越花丛，领略自然之美。

生态宜居　森林家园
——澳大利亚卡拉曼达园解说词

卡拉曼达位于澳大利亚西澳大利亚州首府珀斯的东部郊区斯卡普，有"世界最孤独的城市"之称。

澳大利亚卡拉曼达园占地面积1500平方米，其设计理念体现了当地的丰富文化元素与建筑景观特色，表达了澳大利亚对全世界景观发展及水资源利用与保护起到的巨大推动作用。卡拉曼达展馆在设计上充分体现了澳洲文化与海绵城市设计理念，同时也体现了西澳大利亚的自然环境与河流资源。

展园主体由七个用钢架和防腐木搭建成叶脉形式的建筑组成，中间由连廊连接相互连通成一个整体。这种设计手法展示出对自然环境保护的寓意，通过海绵城市的设计体现了澳洲人打造生态宜居生活环境的理念。

澳大利亚土地沙漠化极其严重，因此澳大利亚十分注重对水资源与土地资源的保护，一直以来，其城市森林覆盖率高达90%。在园区内设置的电子显示屏所播放的宣传片更是形象直观地向游客展示了澳大利亚城市生态宜居的一面。

在澳大利亚，美丽的珀斯由一条天鹅河分为两部分，河北岸的圣乔治大道是该市金融、商业和政府机构的集中地，有办公街之称，圣乔治大道北邻的海伊步行街则是珀斯的商业中心。因此，仿照城市特点，水流潺潺的天鹅河穿园而过。同时，珀斯也是黑天鹅聚集的地方，有"黑天鹅城"之称，甚至将黑天鹅元素加入到西澳旅游局的标志中去。

虽然近几年珀斯的经济稳步增长，城市越来越热闹繁华，但这个位于西澳大利亚州西南部的小镇依然保持着它的安静与祥和，人与自然和谐相处。

欢迎大家来到澳大利亚卡拉曼达园参观，也欢迎大家前往美丽的澳大利亚感受人文风情！

毛利文化　源远流长
——新西兰惠灵顿园解说词

惠灵顿，又称"威灵顿"，原意为神圣的林间空地，有"风城"之誉。市区三面依山，一面临海，是南太平洋地区著名的旅游胜地，为大洋洲文化中心城市之一。

新西兰惠灵顿园占地面积为1500平方米，是新西兰特色文化的缩影。园区围绕毛利文化展开，通过中轴线分为两部分，形成一个通透性的花园。

站在新西兰惠灵顿园的入口，仰面可以看到大门上方配有毛利民族的一个图腾面具，通体红色，上雕有毛利民族的图腾。尽管现在毛利人只占新西兰人口的9%，但在英国航海家库克发现太平洋中这块绿洲之前，他们却是这块土地上的最早居民，由此可见毛利文化源远流长。

毛利图腾是毛利人的精神寄托。相传，毛利人一旦离开人世，便会与祖先会合，并凭着祖先赐给的力量赋予子孙精神力量与指引。这些故事通过传统歌曲舞蹈流传坊间，成为今日毛利文化不可或缺的一部分。现在这种独有的民族文化精粹得以保存，成为新西兰一大旅游特色。

园区西侧由一个用石子铺装而成的毛利舟和雕塑小品图腾柱组成，这种广场加图腾的形式，寓意着毛利人在酋长的带领下在这个美丽的港口靠岸。毛利人所用的独木舟一般都带有浓重的地方色彩，上面雕刻着毛利人的形象。同时，木雕也体现了毛利文化的特征。

园区东侧由水景、涌水池、弧形木看台和小桥共同构成一个景观，桥边有钢板制成的艺术作品作为装饰，游人走在水边，可感知新西兰海港的美丽。左右两侧的景观相映成趣，形成一个有机整体。

在种植方面，园区采用的是以孤植树和片植为主的花海地被。惠灵顿花园希望通过这种形式向大家展示新西兰花海的美景。

欢迎大家来到新西兰惠灵顿园，也希望大家能有机会前往新西兰感受毛利文化的独特魅力！

古老花园　穿越时空
——德国汉诺威园解说词

　　汉诺威是德国下萨克森州首府，是工业制造业高度发达的城市，除商业、金融、保险业外，会展业和旅游业也很发达，是世界著名的博览会城，有"德国的广告牌"之称。欧洲最大的旅游企业途易的总部也设在这里。

　　德国汉诺威园占地面积 700 平方米，呈正方形。它以汉诺威海恩豪森花园为蓝本，以传统的巴洛克园林风格为主调，融入现代的工业风格及可持续发展理念，分别代表汉诺威的传统、现代和未来。

　　海恩豪森花园于 1666 年始建，1714 年完成。由公爵夫人索菲娅主持营建，是德国少有的保存完好的巴洛克园林。德国汉诺威园内绿篱、模纹花坛、喷泉及人物雕塑的灵感都源于该花园。

　　步入展园入口，一座绿篱制成的拱门在欢迎游客的到来。穿过拱门，面前的一列绿墙将空间分成两部分，分别代表传统和现代。绿墙成为分界面，其南侧代表传统，形成一片由绿篱构成的模纹图案式花坛。花坛以修剪整齐、低矮的绿篱为轮廓，在花坛中描绘出精美而又清晰的模纹图案，称为模纹花坛或毛毡花坛。模纹图案明快活泼，线条流畅，呈云卷形。

　　展园的主园路上画有导引游客的参观路线"汉诺威红线"，并分别指向绿篱上展示的汉诺威 36 个最负盛名的景点的照片。经由园路横穿绿墙，进入"现代空间"——利用古典的十字圆心结构形成空间布局，与绿墙保持平行，寓意从传统到现代的递进发展关系。地面以陶瓷马赛克贴面，提取德国科隆大教堂彩色玻璃作为铺装元素，十字圆心地面处设有小型欧式花钵形水景雕塑，巴洛克式喷泉错落有致，欢快灵动，代表汉诺威从传统走向可持续发展的未来。

传承华夏文明　引领绿色发展
——第十一届中国（郑州）国际园林博览会解说词

沿着"汉诺威红线"继续向北走，可看到索菲娅夫人雕塑。这座雕塑线条优美，端庄大方，周边设有几何形模纹花坛，呈箭头状，代表汉诺威首次提出并被全世界推行的可持续发展战略。在其东北侧，建有汉诺威工业展览历史景墙，向游人展示汉诺威取得的举世瞩目的成就。

德国汉诺威园以生态的方式向我们展示着它的传统、现代和未来，欢迎来到德国汉诺威园！

生态多样　文化交融
——加拿大列治文园解说词

列治文，又称为里士满、里奇蒙，位于加拿大西岸，是加拿大不列颠哥伦比亚省太平洋沿岸的城市，大温哥华地区最重要的城市之一，也是2010年冬季奥运会的主体育场所在地。它是一个有着多元文化和特殊地形的城市，是华人居民比例最高的城市，也是北美地区唯一一个华人人口比例超过40%的城市。

加拿大列治文园以文化多元化与生态多样性为设计理念，展示了原住民、流动、植物群落、融合、飞翔五大设计主题，展现了列治文市的特点。原住民代表列治文的历史，欧洲殖民者因其肥沃的冲积土地被吸引到这里；流动代表的是弗雷泽河，以及河流和水在列治文的历史发展中扮演的重要角色；植物群落表现的是列治文的自然生态、公园和农业；融合是指列治文多样化的人口；飞翔代表列治文邻近温哥华国际机场，并坐落在候鸟从阿拉斯加到巴塔哥尼亚的迁徙路线上。

展园以红色木栈道、河流、花卉种植等为设计符号，塑造具有地方文化和地方风貌的园林景观，营造自然和谐、空间变化、主题突出的氛围。

红色的木栈道代表的是保护列治文的环绕的堤坝，弯曲道路之间的相互交叉反映了连接列治文和其他城市的交通走廊。红雪松木板展现了列治文南堤道路的特点。园区两侧的河流代表的是弗雷泽河的两个支流。花卉的种植围绕着两条弯曲的小径，红色铝板制作的花池种满了可食用植物，体现了列治文农业生产的多样性。玻璃景墙上的主题图片创建了一个动态列治文的视觉故事，反映了列治文的城市和农村的特点。园区左侧设置了红飘带座椅，营造了一个可游憩、宜观赏的文化空间。整个园区以雪松木板曲边墙遮挡围合以隔开相邻的展园。

谢谢各位参观加拿大列治文园，欢迎大家到加拿大列治文去体验它的多元与融合。

5

国际设计师园导览

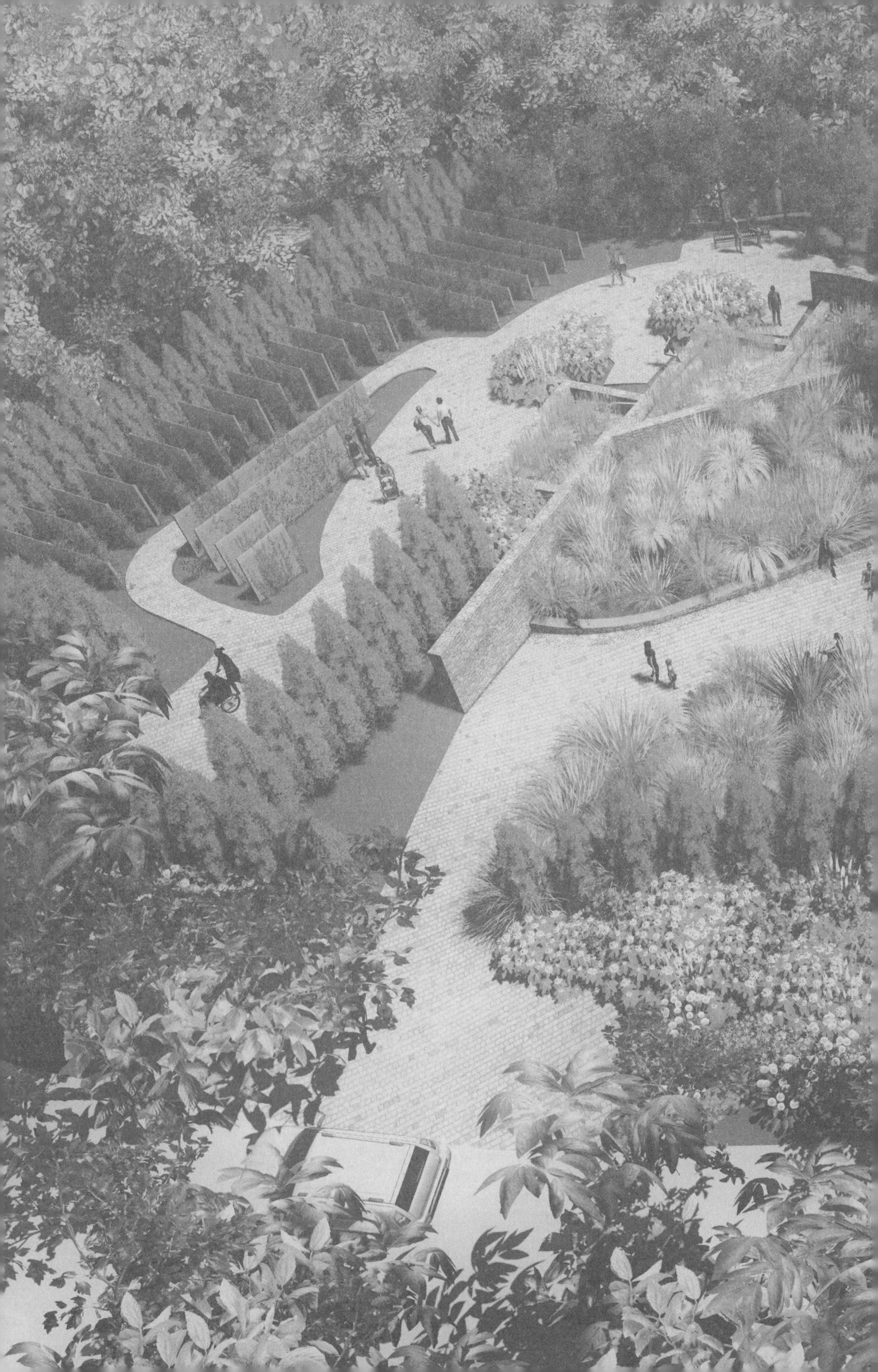

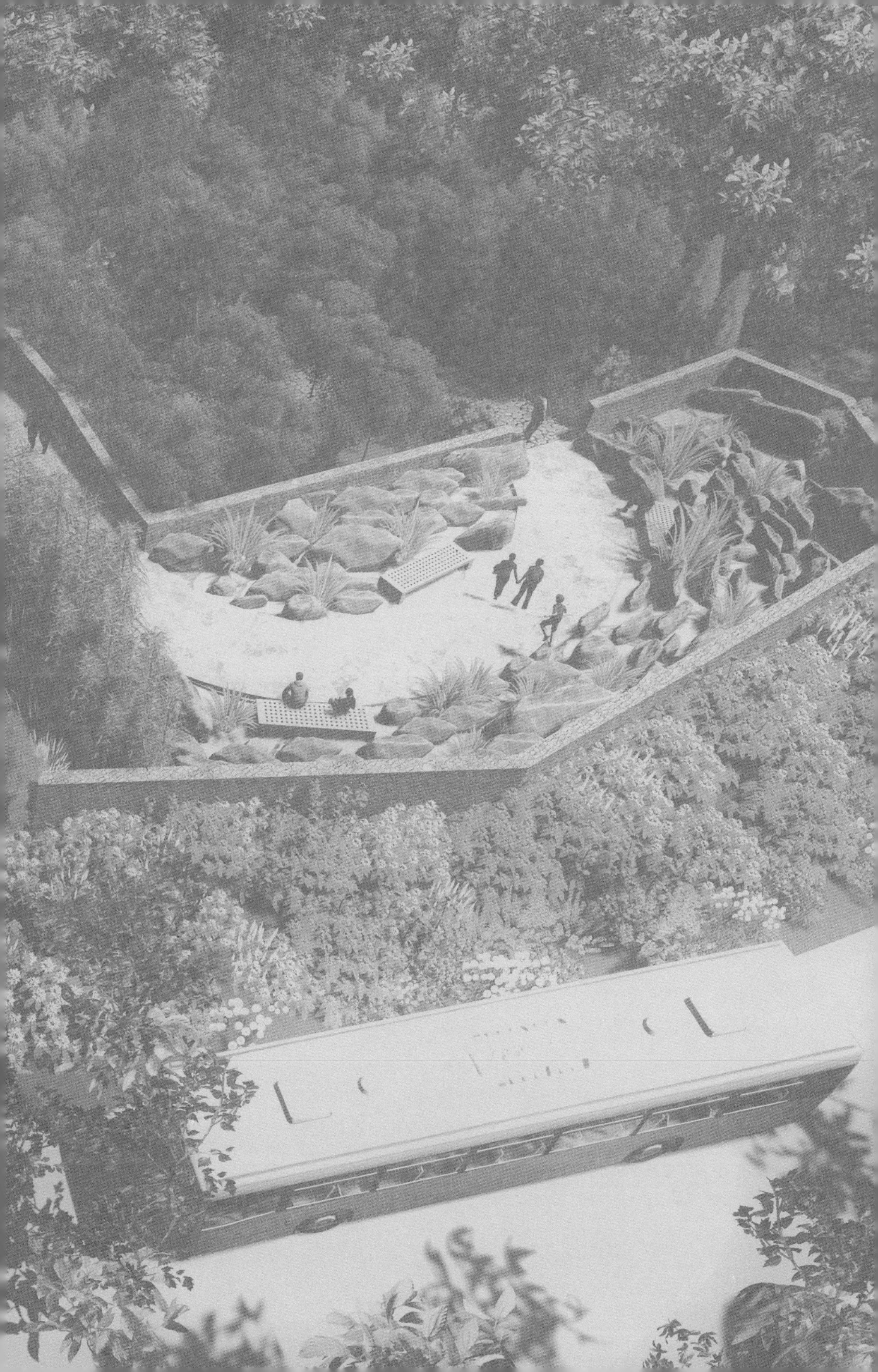

传承华夏文明　引领绿色发展
——第十一届中国（郑州）国际园林博览会解说词

韧性设计　绿色发展

——国际设计师园（美国）解说词

国际设计师园（美国）是美国大师杰克·艾亨的概念设计园。取名"韧性花园"。它通过四个连续设计的景观空间，让游人在其中体验和理解"韧性设计"这一概念。展园利用植物和新兴景观技术，通过呈现景观从生长发育到成熟稳定，经历变化或干扰，最终恢复到初始状态的过程来阐述"韧性"的理念。

"韧性"可以被定义为相关系统、城市或景观环境受到干扰后，在不改变其基本状态的前提下进行自我恢复的能力。"韧性设计"（亦称弹性设计）的概念与城市及其景观环境的设计具有紧密的联系，设计具有韧性的城市已经成为当今全球规划设计界关注的焦点。"韧性花园"致力于诠释韧性的概念和它作为景观模型全球化的潜能，并可以很好地契合世界园艺博览会的主题。

"萌发园"是四个主题园序列的开端。该园展现了自然萌发的主题，它以石墙、树篱和丛植竹子作为边界和背景，使游览者聚焦在前景植物上。在园中，挡土墙作为座椅，为游览者休息、赏景提供便利；园路采用碎石铺装来阐释萌发、新生的内涵。穿过石墙的隧洞，游览者离开萌发园进入"葱郁园"。

"葱郁园"代表了韧性四阶段的成熟稳定阶段。该园被树篱和绿色植物覆盖的石墙环绕，地被采用蕨类、苔藓和灌木，植物选取无花朵的赏叶植物，园路使用切割的圆木铺装。该园通过两面藤蔓植物覆盖的石墙形成的间隙，让游览者离开"葱郁园"进入下一园区。

"干扰园"为游览者提供了截然不同的体验，它通过象征的手段展示韧性理论中干扰崩溃阶段，利用拆迁后的破败混凝土体块作为园路铺装和景观石材来展现这些构思。有韧性的耐旱植物种植与破败的混凝土形成强烈对比，展现了在干扰崩溃中自然仍尚存生机。座椅是由平置的混凝土板构成。通过一段坡道游览者方可离开"干扰园"，该坡道位于"萌发园"石墙之上，当游览者由坡道引导行至隧洞之上时，可以欣赏到特定框选的"萌发园"和"葱郁园"的景观。

"再生园"的入口由"萌发园"的丛植竹子幕墙和"葱郁园"的大型落叶乔木围合。该主题园设计展示了自然和景观存在的可恢复健康、丰产的潜力。位于右侧的是小型果园，位于左侧的是三个串联的跌落式水池，水池内种植的湿地植物展示了清洁、储蓄水资源的能力。游览者经由小露台抵达水池。园路采用透水多孔砖进行铺装，展示了人造材料与植物材料具备的生态潜力。该展园最后的景观元素是一系列种有各类蔬菜瓜果作物的屏风，以强调大自然的生产潜力作为韧性理论的最后环节。

韧性花园——国际设计师园（美国）欢迎您的到来！

时间花园　找寻记忆
——国际设计师园（法国）解说词

国际设计师园（法国）是由法国设计师贝纳设计的以时间为主题的展园。

整个园区内设计了一条贯穿东西的时间联络线，是园区的中轴线，从山脚至山顶贯穿整个场地，命名为"时间之园"。这种设计通过一个巨大的"楼梯"来实现，组成台阶的石头将随着高度的改变而变化——在底部采用最古老的石头，向上是黑花岗岩，最上面采用距离现在年代最近的石头（第三纪的白色石灰石），通过这种变化来展示岁月的变迁。

随着地势的升高，呈现的台阶也会越来越陡。八块植物景墙位于台阶外侧，作为通向后面山体的入口及山体顶部宝塔的景观视线引导，一方面向大家展示"垂直森林"的技术与应用，各种各样的树木在如此之薄的墙上长势旺盛，真是让人难以置信。其实这是采用了一种现代示范技术——生态绿色墙体，并且所选用植物不仅局限于多年生植物，还可以让真正的垂直森林系统化地向建筑应用上发展。另一方面，通过大型屏幕将游人带入一个虚拟世界，展示植物的生长和移动过程。由于采用了快速跟踪的定期拍摄技术，在地形上升的过程中，这些垂直屏幕都将显示该场地的形成演变过程及植物的变化历程。

拾阶而上，可以了解不同物种适应的年代及整个植物的进化过程。四块台地分别对应四种植物时代。在第一纪台地上，种植荷花、睡莲、苔藓、蕨类、木贼等植物，以唤起游客对于早期时代鱼水和谐的记忆。地表其他部分种植蕨类及目前仍然存活的最古老物种银杏。第二纪台地种植玉兰、胡椒藤、月桂、毛茛等。第三纪台地种植竹子、草和柠檬草。第四纪台地种植橡树、谷物、无花果、桑树、果树和开花树木。在每一级台地上，都会在地上散置一些石板，这些大的散置石板和台地上的台阶采用同种石材，也相应地对应于某个地质时代。

展园有四条路线，每条路线的海拔高度不同，对应不同的植物景观，地势较低的部分采用花岗岩和非常古老的石头，然后山顶上采用距离现在年代最近的石灰岩，以此来追溯逝去的时间，见证时间的变迁。这条"石头丝带"将通过扭曲变形来迎合目前正在发生的地面运动，规则种植的树木沿着"石头丝带"一路向上，就像一支浩荡的队伍向着天空迈进。

国际设计师园（法国）设计风格独树一帜，崇尚开放、整齐、对称的几何图形格局，并且追求对称，整个园区的俯瞰图是梵高画作《星空》的缩影。展园通过植物、石材等景观元素反映时光的变化、岁月的变迁，通过显示屏记录着一花一木的生长变化，这是一个真正意义上的时间花园。

6

公共主题展园导览

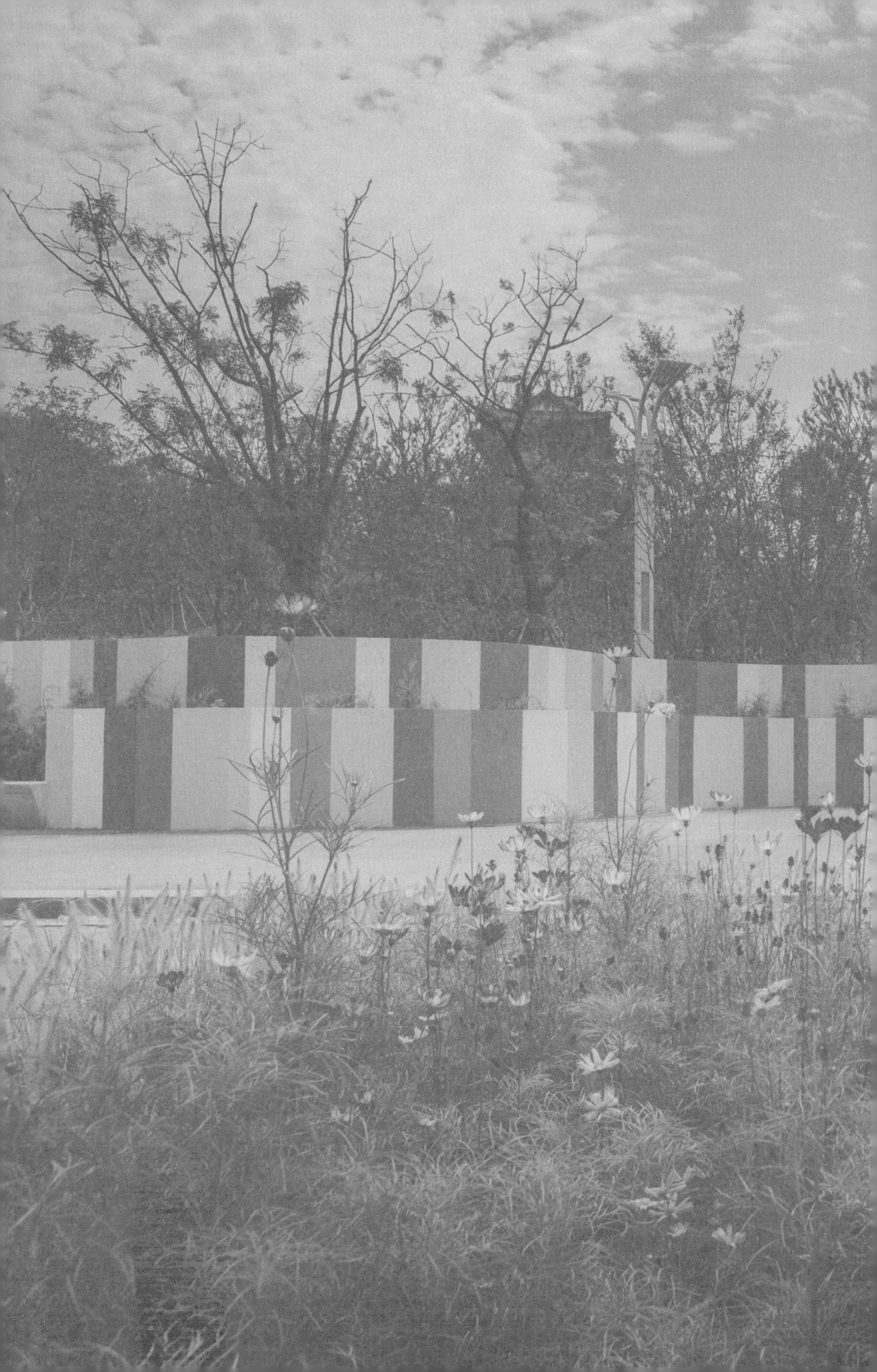

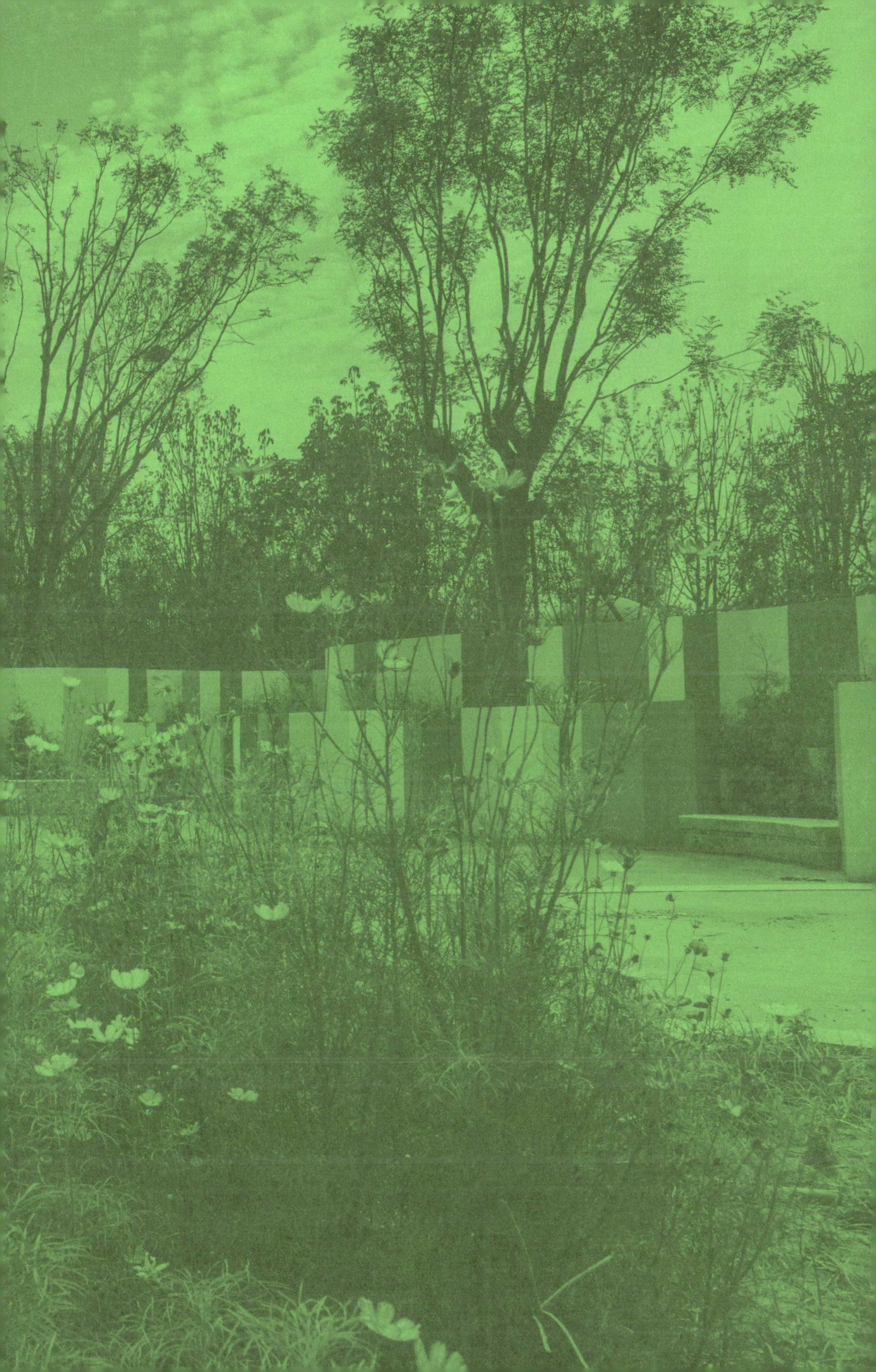

传承华夏文明　引领绿色发展
——第十一届中国（郑州）国际园林博览会解说词

琼花玉叶　百姓花园

—— 五大主题花园解说词

公共主题展园设置了与百姓生活密切相关的感官花园、园艺花园、阳台花园、儿童花园、植物文化园五大主题展园，综合展示了园林与百姓生活、园林与人文艺术的有机联系，体现了创意生活的新园艺。

感官花园

感官花园位于园内南广场西侧，园南路北侧，毗邻同心湖。对应人体的五大感官系统，感官花园设置了五个极具诗意的景观设施，人们通过体验，可激发其愉悦与兴奋，从而满足游人的好奇心。

耳雨亭：这是一个带穹顶的水亭，周围水中种荷，为听雨佳处。经过专门的声学设计，其穹顶的声聚焦作用可在听中心形成有趣的听觉体验，即便是旁人不易觉察的耳语彼此也能听到，故"耳雨"亦有"耳语"之意。

沁凉屿：这是一个下沉式亲水空间，相关研究表明，水流冲击手掌的体验对促进儿童感观发育及疗愈成人的感官缺失具有辅助作用。

回音壁：这是由清水混凝土建造的圆环形墙壁，墙面及邻近地面上均有360度刻度线标志，用以定位发声和接收回音的相对位置。

雾迷宫：这是位于晒暖坡的环绕之中的下沉式迷宫。雾迷宫采用柏树

传承华夏文明　引领绿色发展
——第十一届中国（郑州）国际园林博览会解说词

绿篱为墙，规模较小，设计路线对游人的挑战适度，通道及开口均按照无障碍规范设计。

鸣琴屋：这是一组由乐器与景观设计师合作的声音装置。主要是由内外两圈不同高度的钢管组成，外圈是一组风琴管，内侧是敲击琴管，获得乐趣的同时有助于健康的声感互动体验。

园艺花园

园艺花园位于园南路南侧，南门内西侧，它以百姓的美学园艺思路为指导，利用室外花园和阳光房，优选适合家庭种植的新优花卉品种，打造精美的样板花园和园艺之家。

阳台花园

阳台花园位于感官花园西侧，与民俗文化园隔路相望。它利用色彩丰富的垂挂植物，结合景观花架和景墙、休息平台、亲子阳台等功能性景观元素，创造融科普、教育于一体的景观花园。

儿童花园

儿童花园位于儿童馆东南侧，中州路西侧，是为儿童打造的一个有创造性的娱乐空间。场地中多用柔性材料，设计了蜿蜒的景墙、趣味性的景观坐凳和嬉戏沙坑、植物篱墙等景观元素。孩子们可以自由地在场地中奔跑嬉戏。

植物文化园

植物文化园位于园博园东入口广场西侧，西临同心湖。植物文化园利用滨水空间，重现《诗经》名句中的经典场景，如"关关雎鸠，在河之洲"，"蒹葭苍苍，白露为霜"，"野有蔓草，零露漙兮"等，营造《诗经》中的植物文化意境，唤起人们对远古的回忆。种植的主要品种有柳树、山桃、木瓜、海棠、杜梨、香蒲、红蓼、荷花、荇菜、芍药、萱草、观赏草类等。

7

公共特色景观导览

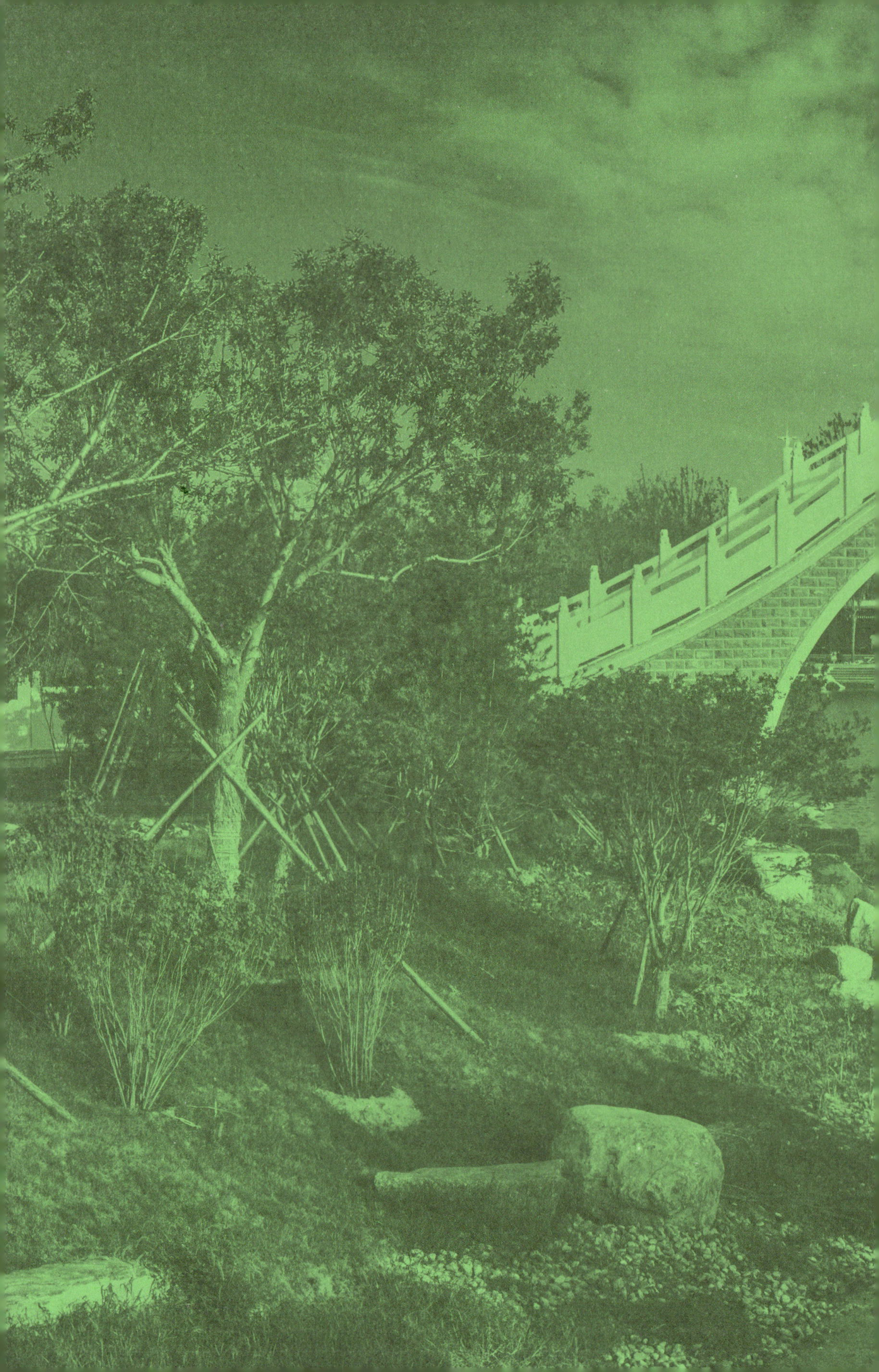

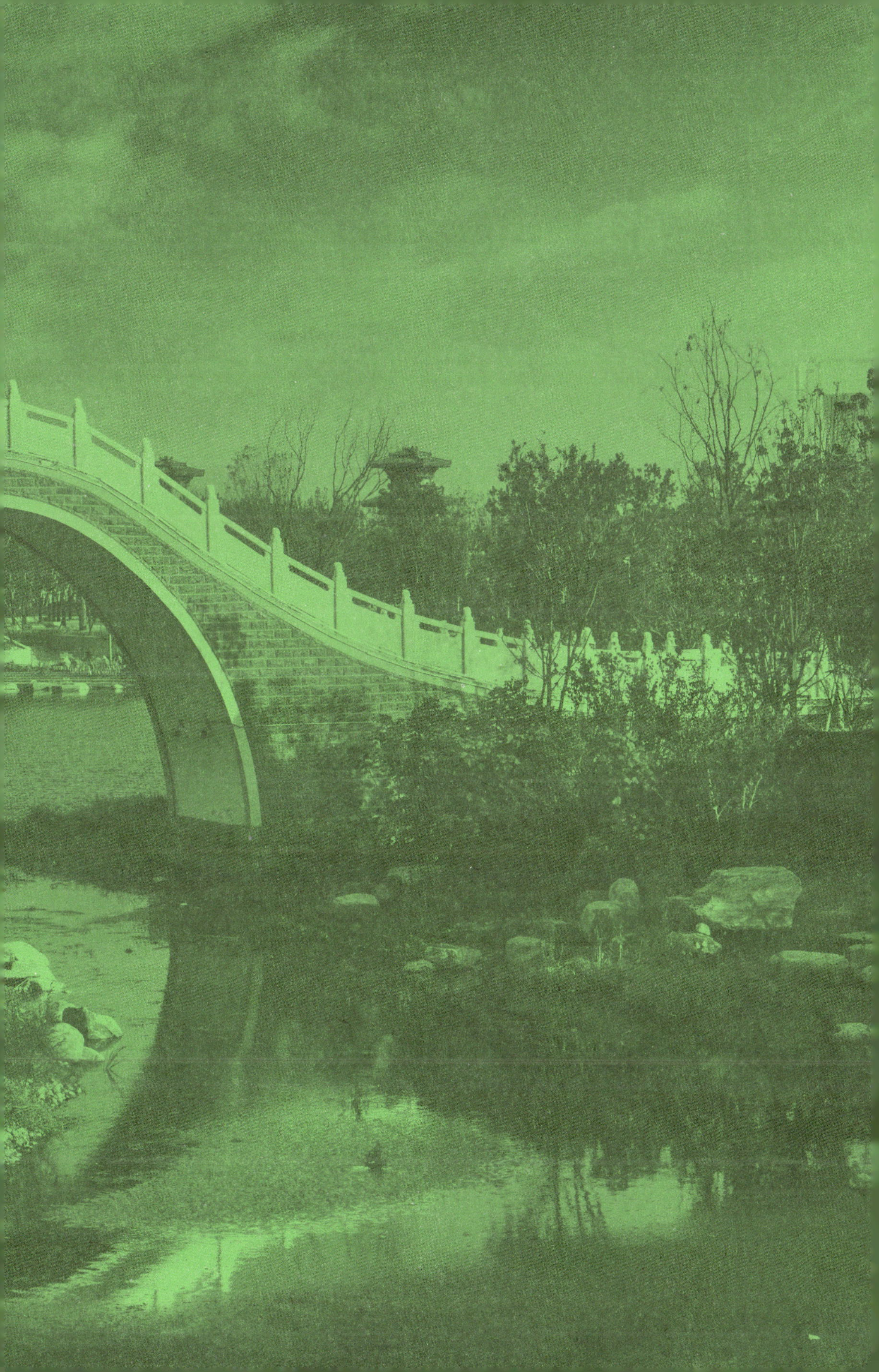

传承华夏文明　引领绿色发展
——第十一届中国（郑州）国际园林博览会解说词

永世同心 圆梦中华

——同心湖解说词

同心湖是一片位于园博园核心区的水域，是园博园"一山一水"格局的主要构成部分。同心湖是为了体现园博园"中华一脉，九州同梦"的主题而命名的，也有"华夏一体、永世同心、圆梦中华"的美好寓意。湖面约6.75万平方米，在功能上可以汇聚园博雨水，调蓄雨洪，净化中水，是"海绵园博"的中枢。

园博园建园之初，以园区内原有的水系为基础，南部挖湖，北部堆山，形成统领全园的主景轴线。镇山位于整个园博园的东北方，即伏羲八卦中的艮位，同心湖位于东南方，即巽位，这与中国传统园林的山水格局相吻合，也是对中国传统园林山水格局的继承与弘扬。

同心湖周边分布着北京园、上海园、乌鲁木齐园、武汉园等多个园区，湖面有豫州桥、青州桥等桥梁，湖岸边的主景观华盛轩与轩辕阁隔水相望，形成对景。沿着同心湖南岸滨水步道漫步，微风吹来，湖面上波光粼粼，令人心旷神怡。

传承华夏文明　引领绿色发展
——第十一届中国（郑州）国际园林博览会解说词

九州同梦　华夏一体
——九州桥解说词

《汉书》记载："禹收九牧之金，铸九鼎，象九州。"大禹统一华夏之后，制图《禹贡》，分立九州。自此九州成了华夏一体的象征。在园博园主要桥梁命名时，为充分体现优秀传统文化特色，将园内六座车行桥、三座人行桥以《尚书·禹贡》中的九州来命名，且桥梁位置根据"禹贡九州"古地图的大致方位对应布置，分别为冀州桥、兖州桥、青州桥、徐州桥、扬州桥、荆州桥、豫州桥、梁州桥、雍州桥。九州桥的命名充分体现了园博园规划主题"中华一脉，九州同梦"，昭示着华夏一体、定鼎九州、永世同心、圆梦中华的美好寓意。

九州桥中造型美观的有青州桥、豫州桥等。青州桥是连接扬州园与北京园之间的人行桥，其弧形如玉带，栏杆采用汉白玉材质，花纹样式为阳刻中式传统雕花图案，栏杆立柱为莲花图案，柱头立着形态各异的石狮，栩栩如生。青州桥桥名是用汉官威仪篆书繁体字书写的，看起来圆滑温润，乖巧可人。豫州桥是连接主广场和华夏馆的七孔拱桥，整个桥长70米，桥身以石材贴面为主，桥面栏杆为仿古石材，花纹样式为阳刻中式传统雕花竹菊图案，栏杆立柱为云纹图案。豫州桥桥名用汉官威仪小隶书繁体字书写，横薄竖厚，古韵犹存。

桥梁景观　生态廊道

——生态廊桥解说词

生态廊桥是一条连接国际展园与国内展园的通道，是园博园内重要的交通枢纽。生态廊桥是为连接园内跨越城市道路而修建的立体交通，宽约70米，桥南北长100米，距道路净高约4.5米。

生态廊桥上种植有多种观赏花木，如丛生金桂、五角枫、枇杷、大叶女贞、垂丝海棠、藤本月季、雪松等，花开季节姹紫嫣红，绿树掩映，宛如一条彩色花带，成为园博园中轴线上一道浓墨重彩的风景线。

在桥面的树林绿地中设有一条6米宽的道路，可供园博园行人和小型车辆通过，路面下有水系暗河穿过。水、路、桥立体交会，形成了具有生态效应的人工生态系统。

生态廊桥四周栏杆采用光面条形花岗岩和毛面花岗岩石材，材质上的选择体现了厚重沉稳的年代感，造型上有凹凸转折变化，给游客以视觉美感。

丹崖绝壁　峡谷画廊

——峡谷景观解说词

峡谷景观位于园博园西入口北侧，设计灵感来源于清朝张崟的《春流出峡图》，此画描绘的是巴山蜀水的优美风景。

峡谷景观呈西北—东南向，全长近800米，深约5米，宽约3—4米。峡谷两侧为丹崖绝壁，两壁对峙，巧夺天工，峭拔如削。崖壁上一挂挂珠帘式的泉瀑竞相倾泻，形成断崖飞瀑景观。沿步梯在峡谷内前行，脚下溪流潺潺，清澈见底，水中怪石嶙峋，构成一条壮丽的峡谷画廊，令人赏心悦目。

百姓之源　华人祖根
——百家姓雕塑解说词

百家姓雕塑位于园博园百姓书院北侧，整体高3米，长4.65米，宽2.82米。它是根据黄帝故里中姓氏起源为参考，以其中的129个高频姓氏（大约占全国人口的87.5%）作为雕塑姓氏，并增加了习姓，共有130个姓氏。

雕塑整石排成田字格形式，以增加方格数，主体采用白麻、灰麻的花岗岩，底部采用黑色花岗岩，造型简洁大方。

弘扬核心价值　构筑道德防线
——弘德园解说词

弘德园，顾名思义是弘扬道德的园林建筑。该园是以传统中式造园手法为蓝本，依山就势，以沉降式特色灰砖砌墙、灰瓦叠砌装饰而成，内部陈列社会主义核心价值观浮雕，是一处难得的宣传社会主义核心价值观、弘扬中华民族传统美德的文化空间。

2014年2月12日，《人民日报》头版刊登24字的社会主义核心价值观，即"富强、民主、文明、和谐、自由、平等、公正、法治、爱国、敬业、诚信、友善"。它是社会主义核心价值体系的内核,体现了社会主义核心价值体系的根本性质和基本特征。它可以从三个层次上来解读:富强、民主、文明、和谐是国家层面的价值目标,自由、平等、公正、法治是社会层面的价值取向,爱国、敬业、诚信、友善是公民个人层面的价值准则。

这 24 个字 12 个词,每一个词都有其明晰的丰富内涵。园内弘德馆的内墙壁上以每一个词为单位悬挂一块紫铜浮雕,共计 12 块,每块浮雕镂刻一个词的内涵。

通过弘扬社会主义核心价值观,提高国家文化软实力,引导人们坚定不移地走中国特色社会主义道路,铸就自立于世界民族之林的中国精神,巩固全党全国各族人民团结奋斗的共同思想基础,凝聚起实现中华民族伟大复兴的中国力量。

参观弘德园,也时刻提醒我们每一个人要做一个有理想、有道德,坚持社会主义核心价值观的好公民。

安如泰山　民族象征

——镇山石解说词

镇山石位于镇山之上。镇山是园博园海拔最高处,主山约高 33 米,位于园博园的东北方,与轩辕阁形成互为倚重的建筑对称格局。

镇山石在古代建筑风水上有辟邪、挡煞、镇宅之义。但在此山上耸立的九块泰山石则象征着轩辕文化至高无上的尊严,中华民族长长久久的国泰民安,同时从造景手法上来看,对整个轩辕阁后面的山丘起着画龙点睛的作用,更凸显了轩辕阁的厚重与尊贵。山石周边有造型油松,形成独特的主山景石组合。"镇山石"这几个苍劲有力的大字是著名书法家、河南省书法家协会主席李强的墨宝。

镇山石所采用的泰山石产于山东泰山。泰山自古被称为五岳之首，自然景观雄伟壮丽，历史文化博大精深，融自然科学、美学和历史文化价值于一体，是中华民族精神的象征。泰山山脉周边溪流山谷中遍布的泰山石，质地坚硬，基调沉稳，被赋予许多美好的象征，如稳如泰山、安如泰山、重如泰山等。人们敬仰泰山，歌颂泰山石，并用泰山石寄托自己的希冀与愿望，自古有"岱岳美名五洲扬，千载神说接大荒，中华奇石数不尽，唯有泰山石敢当"之说。泰山石是不可再生的宝贵的自然、文化和旅游资源，是无价之宝，欣赏泰山石，可以使人领略大自然的鬼斧神工，有回归自然之感，使人切实体会到"天人合一"的真谛。

仿宋古建　百姓书院

——百姓书院解说词

百姓书院位于主山东侧的半山坡上，占地2公顷，是豫园的一部分，建筑面积约2000平方米。建筑为传统仿宋代古建风格，钢筋混凝土结构，玻璃瓦坡屋顶。以河南当地山水建筑特色为元素，是一处集书院、民俗展览馆等于一体的园林建筑院落群。

书院，是我国唐宋至明清出现的一种独立的教育机构，是一种有别于官学的由私人或官府所设的聚徒讲授、研究学问的场所。宋代著名的四大书院中，河南占有应天书院（位于今河南商丘睢阳区南湖畔）、嵩阳书院（位于今河南郑州登封嵩山）两座，另有岳麓书院（位于今湖南长沙岳麓山）、白鹿洞书院（位于今江西九江庐山）。1998年4月我国发行了一套4枚的《古代书院》特种邮票，以国家名片的形式分别介绍了这四大书院。

百姓书院主体为一组四合院,有前殿、主殿、厢房、盆景园和山房等建筑,并向南北两侧依地势和水面延伸出连廊,形成流畅的场地游览路线。行走于连廊之中,丰富的场地活动增加了与自然风景的互动,形成了不同的观赏角度,可供游客流连山水间感受本地文化之熏陶,亦可得浮生半日之闲适。

岁岁年年　四季花开

——月季花圃解说词

月季花圃位于北大门入口处的东南方向,与新港花街、儿童游乐场等形成了一条欢乐的游线。

月季花圃占地面积约为3500平方米,由10个半圆形环线交替状呈现出来,约有10个月季品种搭配组团,在高大树木下形成林下灌木植被和花卉展示场地。品种以颜色划分,有红色、粉色、白色、黄色等,给人以赏心悦目、目不暇接之感。多彩的花田,吸引着游客驻足赏花、拍照留影。

月季,又称"月月红""月季花",被称为花中皇后,蔷薇科,常绿低矮灌木,四季开花,一般为红色或粉色,偶有白色和黄色,可作为观赏植物,也可作为药用植物。郑州市的市花就是月季,它的自然花期是8月到次年4月,花冠硕大,由内向外呈发散型,有浓郁香气。在郑州的许多公园、校园、公共绿地和道路两旁,随处可见月季摇曳之风姿。

月季花品种繁多,不同的颜色有不同的花语:白月季花,象征着尊崇、纯洁与崇高;橙黄色月季花,象征着青春美丽的气息,代表着人们向往年轻美好的容貌;黄色月季花,明亮耀眼,有道歉之意;红色月季花,象征着火热的爱恋,是爱情的象征,所以多用做情人节礼物。

8

服务功能区导览

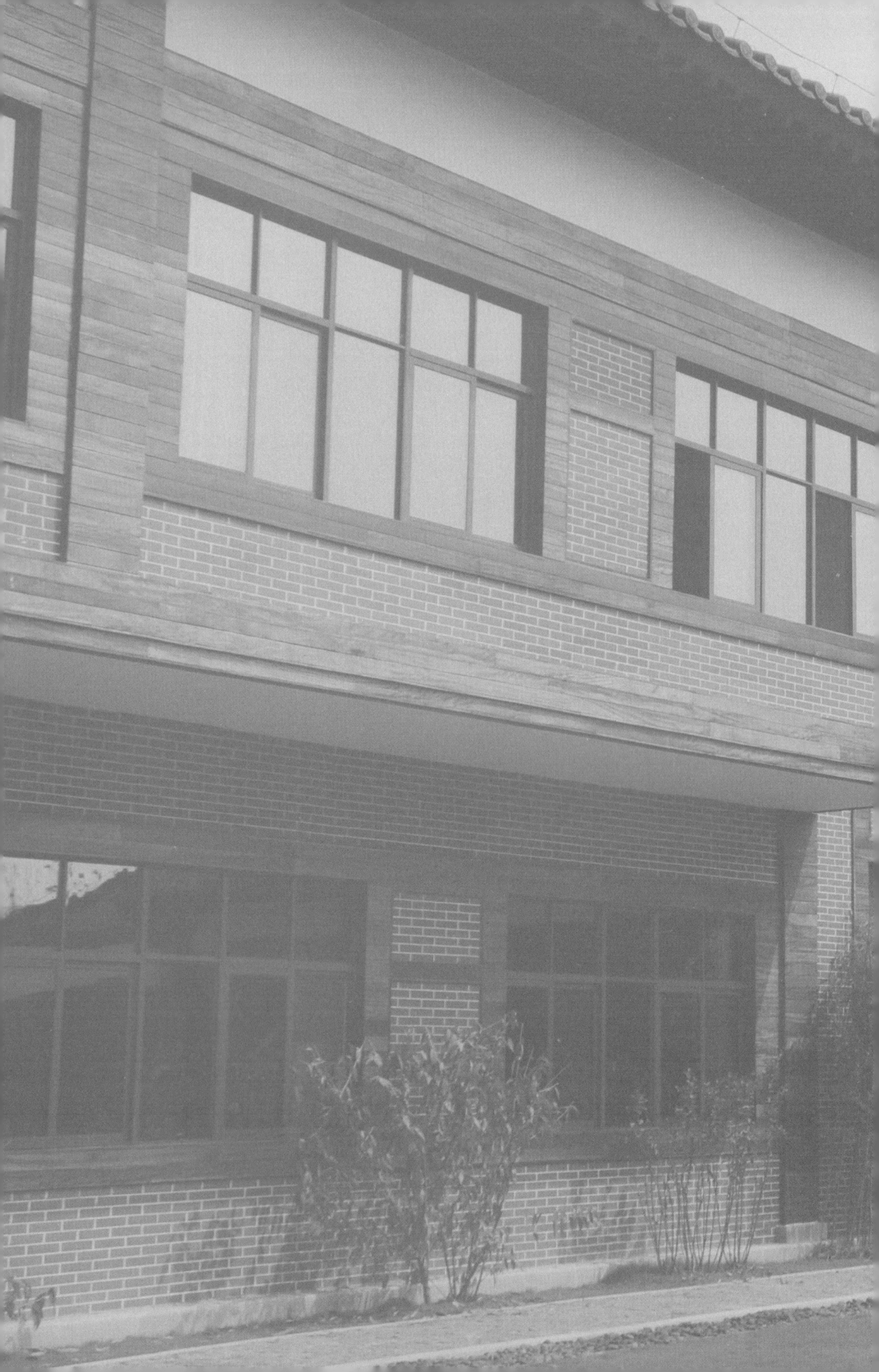

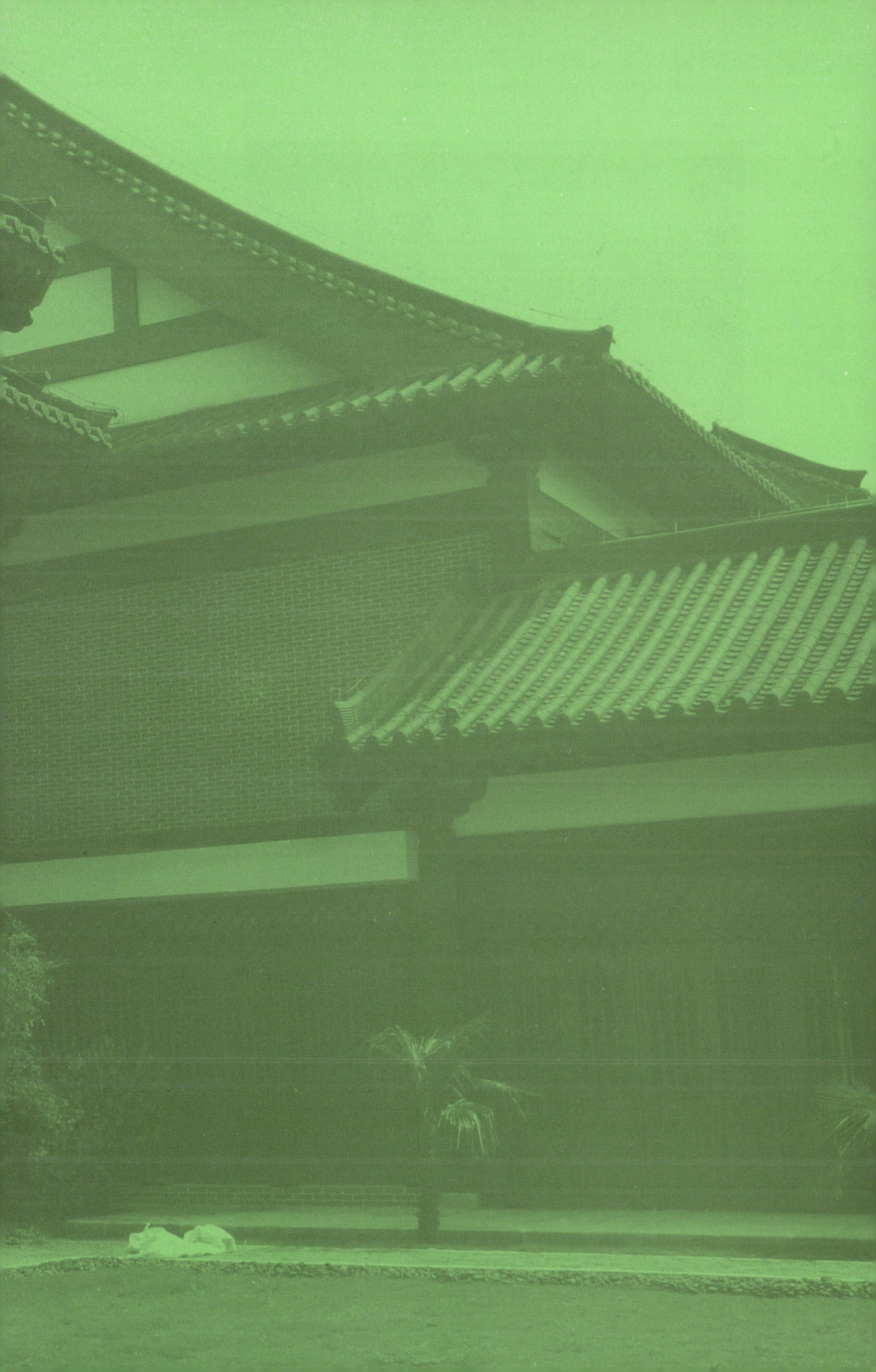

传承华夏文明　引领绿色发展
　　——第十一届中国（郑州）国际园林博览会解说词

至真至诚　服务为本
——游客中心解说词

园博园有三个游客中心，分别为南游客中心、西游客中心和东游客中心，它们主要承担游客服务职能。

南游客中心

南游客中心位于南主入口西侧，通过休闲连廊与南大门汉阙相连，主体建筑为地上一层，占地面积593平方米，建筑面积468平方米，建筑高度4.5米。南游客中心兼具咨询、投诉、导览、物品寄存、失物招领、医疗救护、母婴服务、走失人员服务、卫生间等多种功能。

南游客中心为仿宋建筑，旁边搭配高大挺拔的银杏树及绿丘，营造了"虽由人作，宛自天开"的园林意境。

东游客中心

东游客中心位于东大门外北侧，主体建筑为地上一层，建筑高度5.3米，建筑面积438平方米，与东大门通过连廊相连。东游客中心主要提供售票、商品售卖和120医疗救护等服务。

东游客中心为覆土建筑，以融入环境作为设计的出发点，采用模拟山丘的形式，使得建筑隐藏于自然之中，以保持景观整体性。

西游客中心

西游客中心位于西入口广场西北侧，主体建筑地上一层，占地面积1734平方米，建筑面积1400平方米，建筑最高处为9.4米。西游客中心提供咨询、投诉、导览、物品寄存、失物招领、医疗救护、母婴服务、走失人员服务等多种服务。

西游客中心建筑运用现代感强、具有张力的折线进行设计，外观宛如巨石，依地势而建，造型新颖奇特，整体外观呈灰色，高雅大方。该建筑的空间规划充分尊重周边地形景观的特点，与海绵景观组成一个雨水收集的容器。折面组合的建筑形态与景观无缝衔接，绿化花池渗透至建筑体量中，相互融合，相互交错。坡屋顶交接线为雨水汇集线，与地面花池衔接处是雨水的汇集点，下雨时通过一系列装置系统吸水、蓄水、渗水、净水，需要时将蓄存的水释放并加以利用。建筑立面上向湿地景观一侧采用开敞的玻璃幕墙，结合二层观景平台使建筑内部空间与室外景观得到良好的交流，同时大大加强了室内采光。

休憩空间　幸福驿站
——园博驿站解说词

园博驿站是园区专门为服务游客而设计建造的小型服务建筑，它采用最新的"第五空间"概念，融卫生间、公共休息、管理、Wi-Fi上网及智能售卖等功能为一体，超出了传统意义上一般服务机构的功能，体现了本届园博会"百姓园博"和"智慧园博"的理念。

园区根据合理的服务半径与游人密集度，沿着主环线，设置了八个这样的建筑，每个驿站占地面积234平方米，建筑面积162平方米到185平方米不等。地上一层，建筑高度5.8米，建筑设计融入中原传统建筑文化元素，青砖垒墙，灰色铜瓦屋面，钢筋混凝土结构，外观易于识别。

故乡故土　民居院落
——民俗文化园解说词

民俗文化园位于南主入口内西侧，是以《清明上河图》中的建筑古街为原型的服务配套建筑，旨在利用中原传统民居院落空间形态，唤起游客对故乡故土的历史回忆。

民俗文化园地上两层，建筑面积2308平方米，高度为7.35—11.5米，地下一层为车库，高度5.3米。在建筑形式上融合了中国古民居风格，为游客营造了一种穿越古今的空间体验。

民俗文化园主要以商品售卖、餐饮为主，满足园博园多功能的使用需求。

东西合璧　洋为中用
——新港花街解说词

新港花街位于北大门的东南方向，由一组具有荷兰小镇风情的多彩木屋组成。人未进园，透过园博园的花墙，多彩的荷兰船形小屋已映入游人的眼帘，形成了极大的视觉冲击力，人未进，心已到。

荷兰是一个著名的旅游国度，被称为"风车王国、花卉之国"，由风车、木屐、郁金香所串起的如织美景，带给人们无数的梦幻与想象。新港花街是仿照荷兰花卉小镇而建成的一排排售卖鲜花的商店，穿梭其间，让人恍惚间置身于海外，置身于美丽的荷兰。

新港花街以花为主题，集花卉展示、交易及与花相关的休闲、餐饮等功能于一体，在给游人提供美感的同时，也提供了休闲空间，周围的廊架可供大家休息、观赏。

新港花街主体建筑为地上两层，欧式风格造型，占地面积1800平方米，建筑面积1530平方米，建筑高度4.35—11米，由四组彩色木屋组成。地下一层用作车库，建筑面积为4600平方米，能为游客提供停车位102个。

天街御路　老家院子

——高台古院解说词

高台古院是园博园的重点服务配套项目，位于园区南门外西侧200米，总建筑面积约7.8万平方米。该建筑以"天地之中、高台古院、天街地MALL"为设计构思，以自然与人文共生为理念，按照三星绿建的标准建设，涵盖酒店、商业、餐饮、娱乐、展示等功能。

高台古院地上建筑五层，四楼顶上的一层为仿宋庭院，谓之"高台古院"，地下一层，高5.4米，设计灵感源于"巴马溶洞"，整体建筑上大下小，呈倒三角状，近看像一艘巨轮，远观可见高台之上的仿宋建筑，更似一艘航母，极具震撼力。从空中俯瞰，整个建筑呈"品"字形，其中一角为星级酒店，其他为商业、休闲餐饮和展示区域，内有中庭。主楼呈深灰色，外立面采用节能玻璃幕墙、铝质金属褶板和金属表皮仿石材等材质，造型设计复杂精美，节能环保。

整个建筑设计创造性地将商业街与大型购物中心的屋顶空间相结合，

重构了楼层的价值体系。"天街"的概念引自《东京梦华录》孟元老的自序："雕车竞驻于天街，宝马争驰于御路，金翠耀目，罗绮飘香。"高台古院仿照《清明上河图》中的建筑，在高台之上的"天街"做出的仿宋庭院，小巧精致，内设书房、茶室、小馆等，还有连廊和观景台，体现"一拳则太华千寻，一勺则江湖万里"的精髓，打造了"高台古院"的胜景。

"地MALL"是指三层商业空间，自三层依次往下展示明清、民国、现代河南的商业文化，顾客穿行其间，既满足其购物休闲的需求，同时也可体验浓郁的本土文化。

整个建筑内部中庭的阴刻山水形式，表达了自然与人文的共生与融合。底层的内部商业街形成的负空间与商业外部的流水造景，结合建筑流线型造型与室内景观，营造山间流水的感觉，既呼应了阴刻山水主题，亦寓意财源滚滚。

高台古院设计契合了园博会"绿色发展"理念，在室内外环境设计、建筑结构、节能、节水、节材及其利用方面多措并举践行绿色低碳理念。

花样乐园　童真世界

——儿童游乐场解说词

儿童游乐场与儿童馆为邻，是为儿童打造的一个富有创造性的娱乐空间。相对于儿童馆而言，儿童游乐场是一种参与度、体验度更高的游园，更适合于6岁以下的幼儿游玩。

根据儿童游乐多样性试验的需求，在保持场地整体平缓的同时，在局部做了一定高差处理，如下沉剧场、下沉沙坑、曲线景墙、滑梯、植物科普景墙、植物十二生肖雕塑、攀爬墙、地形堆坡等，满足儿童游乐的多样性体验与视觉效果。

根据儿童游乐的特性，儿童游乐场的铺装材料以塑料材料为主、硬质材料为辅，保证了场地游乐的安全性和多样性。

在游乐品种选择上，选用那些能引起儿童兴趣的植物，如形状奇特、色彩鲜艳、观赏性高的植物，让孩子们在玩乐中亲近自然、学习植物，欣赏花卉，培养艺术美感。

9

出入口区导览

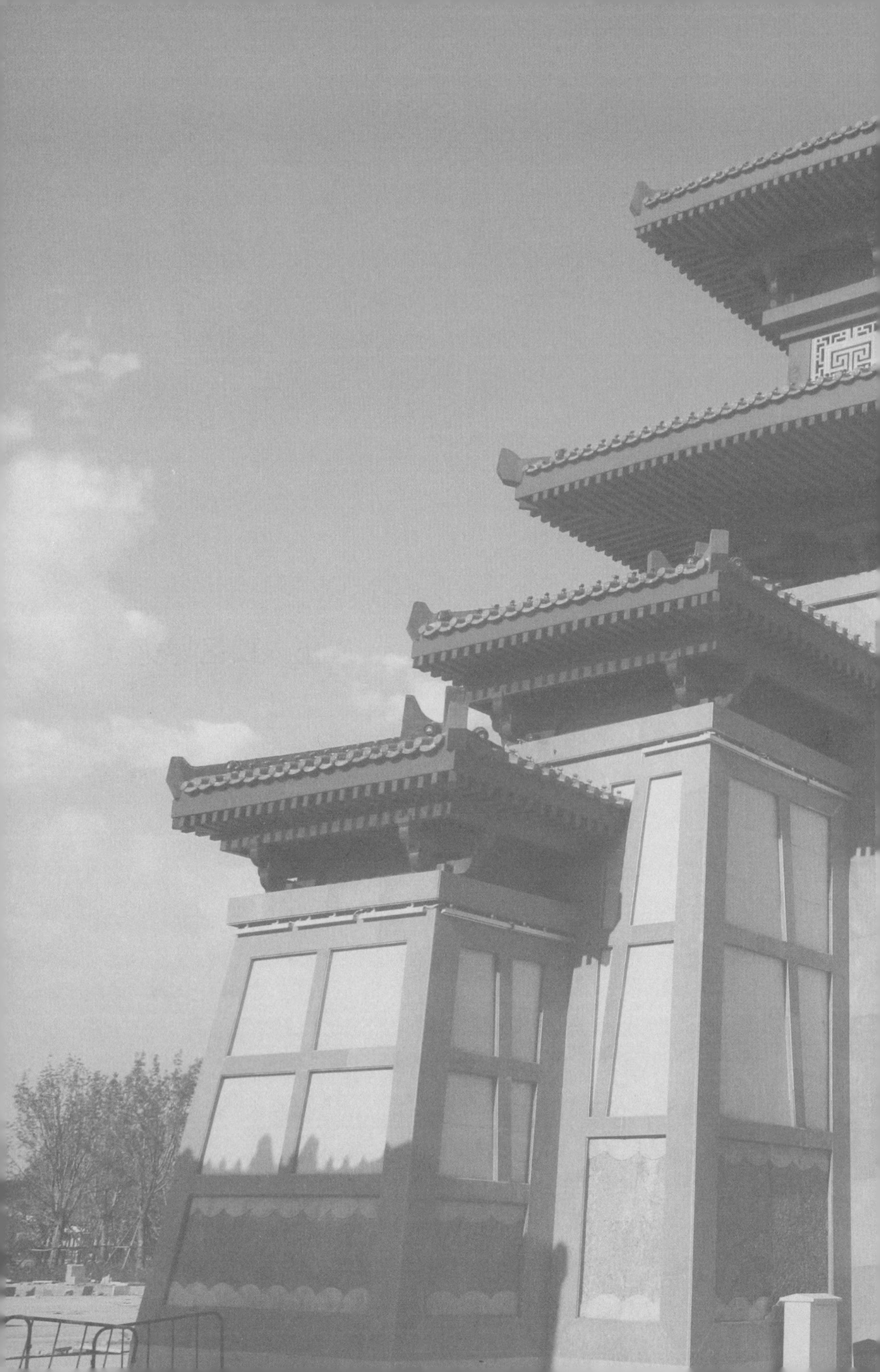

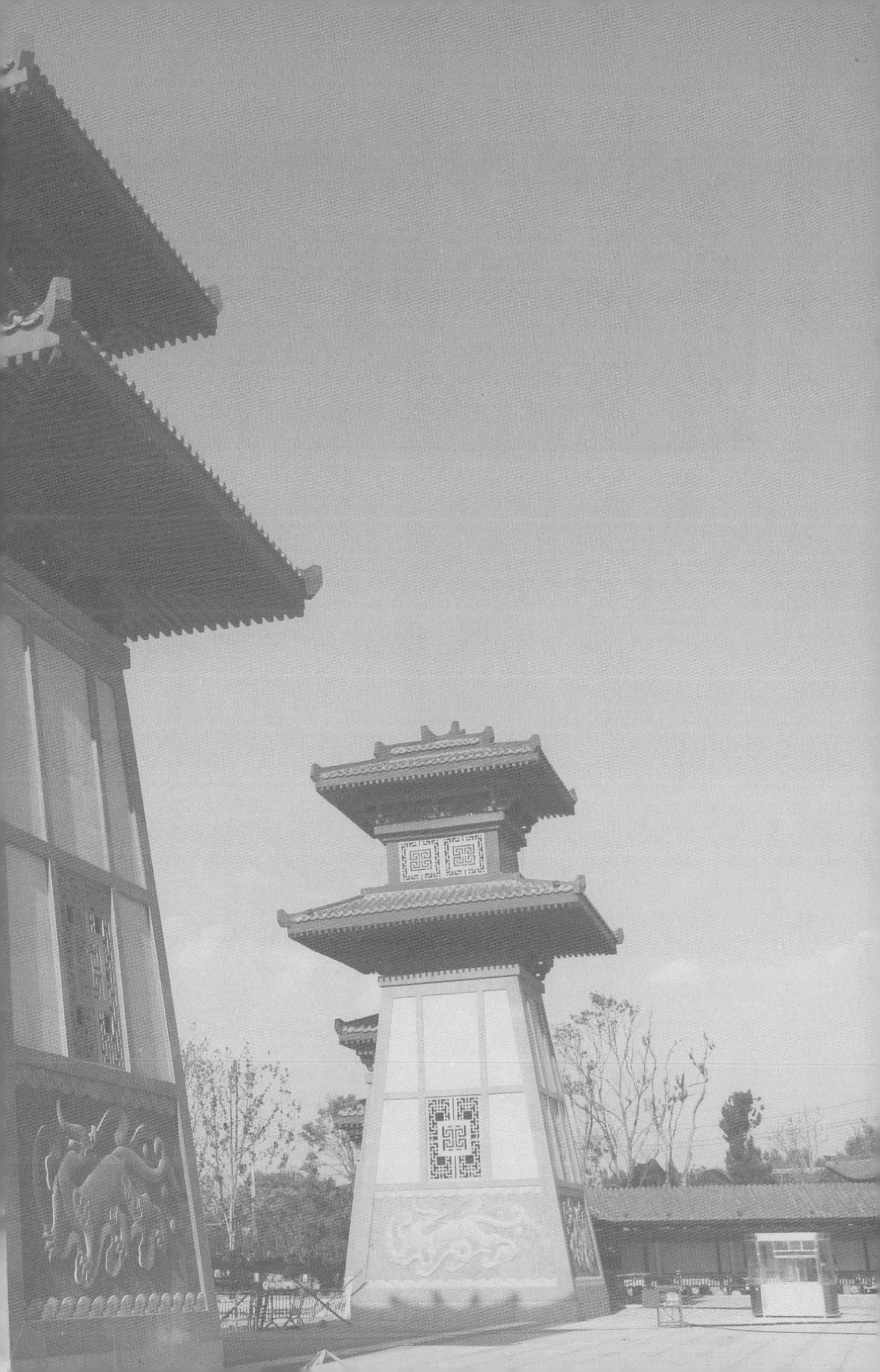

传承华夏文明　引领绿色发展
——第十一届中国（郑州）国际园林博览会解说词

端庄大气　中原风范

——南入口区解说词

  南入口区主要包括南入口大门、南入口广场、游客服务设施，以及公交车站、停车场、餐馆、大巴停靠站等配套设施，与南入口广场隔路相望。

  南入口大门为园博园主入口，向北经园博广场、同心湖与主山轩辕阁相望。建筑形式源于世界文化遗产中岳嵩山汉三阙，以"汉阙"作为景观造型大门，充分突出中国传统文化氛围，符合本届"文化园博"的主题。南大门高18.8米，内部采用钢混结构，外部为传统造型与纹饰，典雅精美，形成端庄大气的主入口形象。

  主入口东西两侧各有建筑面积为468平方米、高4.5米的游客中心，其中，西侧为南游客中心，东侧为售票处，两者对称分布，通过休闲连廊与大门相连，主要承担服务、咨询等功能。

  主入口南侧是南入口广场，面积约41200平方米，地面采用花岗石、透水砖、陶瓷混合铺装，视野开阔。在广场南边中心位置有一景石，上面写有"郑州园博园"五个大字，是河南著名书法家王澄的墨宝。广场两边是绿丘、银杏树，远处可看见花田和大片绿植。这里不仅是游客集散中心，也是个休闲的好地方。

礼乐之邦　豫州风尚

——东入口区解说词

东入口区主要包括东入口大门、东入口广场（含门外两侧的文化景墙）、东游客中心，以及园区管理中心等建筑景观。

东入口大门为园博园的主要出入口之一，建筑面积为438平方米，高度为5.3米，钢框架结构，采用中国传统的抬梁式屋顶形式，铜瓦屋面，配以"中原红"的大门色彩，运用体现中原文化的礼乐元素，呈现出简洁大气的特点，与园内的传统建筑相呼应。大门举架平缓，出檐深远，斗拱等构件精巧别致，两侧树木掩映，突出东大门，增强对人流的引导作用。

东入口广场以中原文化的礼乐为主题，占地面积约16000平方米，门外两侧设有乐章文化景墙，一张张不同式样豫剧脸谱嵌在景墙上，一件件精美的豫剧乐器雕塑穿插其间，营造出端庄大气的迎宾景观氛围。

东游客中心位于东大门外部北侧，通过连廊与大门相连，整体建筑采用模拟山丘的形式，覆土的手法使其隐藏于自然之中，以突出景观整体性。该中心兼具票务、商品售卖和医疗、卫生间等多种功能。

园区管理中心位于东大门内南侧，为园区管理、运营与服务机构。建筑面积为4010平方米，地上两层，高度12.3米，结构形式为钢筋混凝土框架结构，为中原传统民居风格的四合院式结构，用现代手法表现中国传统居住庭园的布局之美、结构之精、园林之雅。

峡谷水景　生态画卷
——西入口区解说词

西入口区主要包括西入口大门、西游客中心、峡谷水景、透水广场、绿丘花田景观，以及生态停车场、大巴停靠站、人行天桥等配套设施。与河南园区隔路相望，通过地下廊道，游客可以穿越到河南展园游览。

西入口大门为园博园的主要出入口之一，主体建筑地上一层，建筑面积367平方米，大门层高9.6米，结构形式为钢框架结构，大门为"中原红"色彩，金属瓦屋面，现代简约风格造型。

西游客中心位于广场西北侧，主体建筑地上一层，为折线造型的服务建筑，外观宛如巨石，依地势而建，具有咨询、投诉、导览、医疗救护、卫生间等多种功能。

西入口广场面积约23000平方米，设计源于北宋郭熙（一说王诜）的名画《溪山秋霁图》（现藏美国华盛顿佛利尔美术馆），该画卷描绘了秋天雨后初晴的溪山，壮阔而优美。广场顺应高差地势，以抽象空间形态、现代设计语言，借鉴名画空间布局，人流如水流，石头如建筑，生态苔藓如绿色斑块，将园路、广场、水景、绿化组织穿插其中，让游客行走游赏、驻足停留间体味山石林泉的意境。

多彩天地　花乐世界

——北入口区解说词

北入口区主要包括北入口大门、北入口广场，以及园内的新港花街和月季花圃，是一个汇聚各色花卉的欢乐海洋。

北入口大门为园博园的主要出入口之一，建筑面积为190平方米，高度5.37米，结构形式为钢框架结构，大门为"中原红"色彩，金属瓦屋面，现代新中式风格，造型简洁大方。

北入口广场面积约2200平方米，广场周边设有售票处、检票口，以及游览指示图、交通指示牌、停车场等设施，方便人流集散。

新港花街和月季花圃位于北入口内的东南方向。新港花街由一组多彩木屋组成，集花卉展示、交易以及与花相关的休闲、餐饮等功能于一体。月季花圃以月季花瓣为设计元素，以半圆形环线交替状呈现出来，品种以颜色划分，不同品种的月季形成多彩花田，吸引游客驻足赏花、拍照留影。